Wissenschaftliche Taschenbücher WTB

Mathematik · Physik

L. A. Skornjakow

Elemente der Verbandstheorie

Akademie-Verlag · Berlin

WTB Wissenschaftliche Taschenbücher

ROLF BORSDORF / MANFRED SCHOLZ
Spektroskopische Methoden in der organischen Chemie

WERNER HABERDITZL
Magnetochemie

GERHARD HEBER
Mathematische Hilfsmittel der Physik, Teil I und II

A. A. SOKOLOW
Elementarteilchen

HEINZ AHRENS
Varianzanalyse

HANS-JÜRGEN TREDER
Relativität und Kosmos
Raum und Zeit in der Physik, Astronomie und Kosmologie

ALBERT EINSTEIN
Grundzüge der Relativitätstheorie

ALBERT EINSTEIN
Über die spezielle und die allgemeine Relativitätstheorie

GÜNTHER LUDWIG
Wellenmechnik. Einführung und Originaltexte

HARRY PAUL
Lasertheorie, Teil I und II

FRANZ RUDOLF KESSLER
Einführung in die physikalischen Grundlagen der Kernenergiegewinnung

EBERHARD TEUSCHER
Pharmakognosie, Teil I und II

D. TER HAAR
Quantentheorie. Einführung und Originaltexte

J. H. SANDERS
Die Lichtgeschwindigkeit. Einführung und Originaltexte

JEAN KUNTZMANN
Unendliche Reihen
Mathematische Hilfsmittel der Physik und Chemie
Mit 94 Übungen und 29 Aufgaben

JEAN KUNTZMANN
Systeme von Differentialgleichungen
Mathematische Hilfsmittel der Physik und Chemie
Mit 88 Übungen und 40 Aufgaben

JEAN KUNTZMANN
Komplexe Veränderliche
Mathematische Hilfsmittel der Physik und Chemie
Mit 90 Übungen und 37 Aufgaben

FERDINAND CAP
Einführung in die Plasmaphysik
I. Theoretische Grundlagen

FERDINAND CAP
Einführung in die Plasmaphysik
II. Wellen und Instabilitäten

FERDINAND CAP
Einführung in die Plasmaphysik
III. Magnetohydrodynamik

J. A. ROSANOW
Wahrscheinlichkeitstheorie

HARRY PFEIFER
Theorie linearer Bauelemente
Elektronik für den Physiker I

HARRY PFEIFER
Die Elektronenröhre
Elektronik für den Physiker II

HARRY PFEIFER
Schaltungen mit Elektronenröhren
Elektronik für den Physiker III

HARRY PFEIFER
Leitungen und Antennen
Elektronik für den Physiker IV

HARRY PFEIFER
Mikrowellenelektronik
Elektronik für den Physiker V

HARRY PFEIFER
Halbleiterelektronik
Elektronik für den Physiker VI

GERHARD HÜBNER / KLAUS JUNG / ECKART WINKLER
Die Rolle des Wassers in biologischen Systemen

STEPHEN G. BRUSH
Kinetische Theorie, Teil I und II
Einführung und Originaltexte

EBERHARD HOFMANN
Eiweiße und Nucleinsäuren als biologische Makromoleküle
Dynamische Biochemie, Teil I

EBERHARD HOFMANN
Enzyme und energieliefernde Stoffwechselreaktionen
Dynamische Biochemie, Teil II

EBERHARD HOFMANN
Intermediärstoffwechsel
Dynamische Biochemie, Teil III

EBERHARD HOFMANN
Grundlagen der Molekularbiologie und Regulation des Zellstoffwechsels
Dynamische Biochemie, Teil IV

HERBERT GOERING
Elementare Methoden zur Lösung von Differentialgleichungsproblemen

PETER KRUMBIEGEL
Isotopieeffekte

D. M. BRINK
Kernkräfte. Einführung und Originaltexte

DIETER ONKEN
Steroide
Zur Chemie und Anwendung

HEINZ GEILER
Ökologie der Land- und Süßwassertiere

DIETER KLAUA
Elementare Axiome der Mengenlehre

GÜNTER TEMBROCK
Grundlagen der Tierpsychologie

J. P. VINSON
Optische Kohärenz in der klassischen Theorie und in der Quantentheorie

W. R. HINDMARSH
Atomspektren. Einführung und Originaltexte

GÜNTER TEMBROCK
Biokommunikation
Informationsübertragung im biologischen Bereich
Teil I und II

ADOLF ZSCHUNKE
Kernmagnetische Resonanzspektroskopie in der organischen Chemie

DIETER MERKEL
Riechstoffe

JOHN CUNNINGHAM
Vektoren

GEORG DAUTCOURT
Relativistische Astrophysik

ERNST SCHMUTZER
Symmetrien und Erhaltungssätze der Physik

GERHARD LERCH
Pflanzenökologie

MICHAEL GÖSSEL
Angewandte Automatentheorie, Band I
Grundbegriffe

MICHAEL GÖSSEL
Angewandte Automatentheorie, Band II
Lineare Automaten und Schieberegister

HEINRICH KINDLER
Der Regelkreis. Eine Einführung

A. R. KESSEL
Akustische Kernresonanz

WOLFRAM BRAUER/HANS-WALDEMAR STREITWOLF
Theoretische Grundlagen der Halbleiterphysik

HARRY PAUL
Nichtlineare Optik, Teil I und II

HANS BANDEMER/ANDREAS BELLMANN
WOLFHART JUNG/KLAUS RICHTER
Optimale Versuchsplanung

DIETRICH BENDER/ERNST-EGON PIPPIG
Einheiten, Maßsysteme, SI

DIETER KLAUA
Grundbegriffe der axiomatischen Mengenlehre, Teil I und II

E. G. GOLSTEIN
Konvexe Optimierung. Die Elemente der Theorie

EBERHARD TEUSCHER
Pharmakognosie, Teil I und II

SIEGFRIED HAUPTMANN
Über den Ablauf organisch-chemischer Reaktionen

L. A. SKORNJAKOW
Elemente der Verbandstheorie

Vorschau auf die nächsten Bände:

DIETER KLAUA
Kardinal- und Ordialzahlen

WTB

BAND 130

L. A. Skornjakow

Elemente der Verbandstheorie

Mit 12 Abbildungen und 2 Tabellen

AKADEMIE-VERLAG · BERLIN

Reihe MATHEMATIK UND PHYSIK

Herausgeber:
Prof. Dr. rer. nat. habil. G. Heber, Dresden
Prof. Dr. phil. habil. W. Holzmüller, Leipzig
Prof. Dr. phil. habil. A. Lösche, Leipzig
Prof. Dr. phil. habil. H. Reichardt, Berlin
Prof. Dr. phil. habil. K. Schröder, Berlin
Prof. Dr. phil. habil. K. Schröter, Berlin
Prof. Dr. rer. nat. habil. H.-J. Treder, Berlin

Übersetzung aus dem Russischen:
Dipl.-Math. Joachim Winkler

Bearbeitung der deutschen Ausgabe:
Prof. Dr. sc. nat. Helmut Boseck

Titel der Originalausgabe:
Л. А. Скорняков
Элементы теории структур
Verlag Nauka, Moskau

1973

Lizenznummer: 202 · 100/417/73
Herstellung: VEB Druckhaus „Maxim Gorki", 74 Altenburg
Bestellnummer: 761 779 6 (7130) · ES 19 B 2
Printed in GDR

Vorwort

Der vorliegende Leitfaden wendet sich an Mathematiker, die sich mit den Grundlagen der Verbandstheorie bekanntmachen wollen, die aber diesen Zweig der Algebra noch nicht (oder nicht mehr!) als ihre Spezialdisziplin betrachten. Darum wurden bei der Auswahl der Ergebnisse diejenigen bevorzugt, die zur Entwicklung des strukturtheoretischen Denkvermögens beitragen oder in anderen Gebieten der Mathematik Anwendung finden. Für eine umfassendere Bekanntschaft mit der Verbandstheorie empfiehlt es sich, auf die Monographien von Birkhoff und Sikorski zurückzugreifen. Für die neuesten Ergebnisse der Verbandstheorie sei auf die entsprechenden Veröffentlichungen der Zeitschrift „Itogi nauki" verwiesen.

Notwendige bibliographische Hinweise befinden sich am Ende des Buches. Dort werden die dem Verfasser bekannten Lehrbücher der Verbandstheorie angegeben. In einigen dieser Werke findet man umfangreiche Angaben über Zeitschriftenliteratur. Der vorliegende Leitfaden beschränkt sich auf die Erwähnung der Autoren einiger hier angegebener Ergebnisse.

Vom Leser werden keine besonderen Vorkenntnisse verlangt. Es genügt, wenn er die Grundzüge der elementaren Mengenlehre beherrscht. Im Text wird zwar hin und wieder von Gruppen, Ringen und universellen Algebren gesprochen, aber diese Äußerungen tragen den Charakter von „lyrischen Abschweifungen". Die Symbole für die mengentheoretische Vereinigung ($\cup$) und den mengentheoretischen Durchschnitt ($\cap$) werden in der gewohnten Bedeutung verwendet. Das Komplement der Menge B

in der Menge A wird durch $A \setminus B$ bezeichnet. In der üblichen Bedeutung werden auch die Zeichen $\subseteq$ und $\in$ benutzt. Unter dem direkten Produkt $A \times B$ hat man die Menge aller Paare (a, b) mit $a \in A$ und $b \in B$ zu verstehen. Dieser Begriff wird in natürlicher Weise für eine beliebige Menge von Faktoren verallgemeinert. Dabei auftretende logische Schwierigkeiten werden in § 2 erörtert. Durch die Schreibweise

$$\{x \mid x \text{ besitzt die Eigenschaft } \mathscr{E}\}$$

wird die Menge aller Elemente x bezeichnet, die die Eigenschaft $\mathscr{E}$ haben. Das Symbol $\underset{\text{def}}{=}$ steht für „definitionsgemäß gleich". Ein Verweis auf Satz 5.3 bedeutet, daß Satz 3 aus § 5 gemeint ist. Kommt nur eine Ziffer vor, so befindet sich der zitierte Satz im gleichen Paragraphen.

Das Manuskript des Buches wurde von A. Ch. Lifschitz gelesen, der eine Reihe wertvoller Bemerkungen dazu gemacht hat. Zu einer wesentlichen Verbesserung der Darlegung haben auch die Hinweise von T. S. Fofanowa beigetragen, die außerdem alle Übungen durchgerechnet hat. Der Verfasser ist diesen Kollegen zutiefst dankbar.

Inhaltsverzeichnis

1. Teilweise geordnete Mengen

Sei P eine beliebige nichtleere Menge. Eine Teilmenge ϱ des direkten Produktes $P \times P$ heißt eine *Relation* in der Menge P. Wenn das Paar (a, b) ein Element von ϱ ist, werden wir sagen, daß a und b in der Relation ϱ stehen, und dafür $a\varrho b$ schreiben. Die Relation, die aus allen Paaren (a, a) mit $a \in P$ besteht, heißt die *Diagonale* und wird mit Δ bezeichnet. Die *Einsrelation* ist diejenige Relation, die mit der ganzen Menge $P \times P$ zusammenfällt.

Ist P' eine Teilmenge von P und ist in P eine Relation ϱ gegeben, dann heißt die Relation ϱ' in P', die durch die Gleichung

$$a\varrho' b \underset{\text{def}}{=} a\varrho b$$

für $a, b \in P'$ erklärt ist, die durch ϱ *induzierte Relation.*

Eine Relation ϱ heißt *reflexiv*, wenn $a\varrho a$ für jedes $a \in P$ gilt; mit anderen Worten, eine Relation ϱ ist reflexiv, wenn $\Delta \subseteq \varrho$. Wenn aus $a\varrho b$ stets $b\varrho a$ folgt, so heißt die Relation ϱ *symmetrisch.* Folgt dagegen aus $a\varrho b$ und $b\varrho a$ stets $a = b$, so bezeichnet man ϱ als *antisymmetrische Relation*. Eine Relation ϱ heißt *transitiv*, wenn aus $a\varrho b$ und $b\varrho c$ stets $a\varrho c$ folgt. Man überzeugt sich unschwer davon, daß die Diagonale alle vier aufgezählten Eigenschaften hat, während die Einsrelation alle außer der Antisymmetrie besitzt. Wenn übrigens P nur aus einem Element besteht, stimmen Einsrelation und Diagonale überein.

Eine reflexive, symmetrische und transitive Relation heißt eine *Äquivalenzrelation* oder einfach eine *Äqui-*

valenz. Die Äquivalenzen spielen beinahe in allen Gebieten der Mathematik eine wichtige Rolle, weil sie mit den Zerlegungen einer Menge P verbunden sind, das heißt mit den Darstellungen von P als eine Vereinigung von paarweise disjunkten Teilmengen. Zur Erläuterung dieses Zusammenhangs erklären wir die durch das Element $a \in P$ definierte *Nebenklasse* der Relation ϱ; sie besteht aus genau den Elementen x aus P mit $x\varrho a$. Es ist klar, daß P mit der Vereinigung aller Nebenklassen einer beliebigen reflexiven Relation in P zusammenfällt. Ist ϱ eine Äquivalenz, so werden die Nebenklassen von ϱ als *Äquivalenzklassen* bezeichnet.

Ein System von nichtleeren Teilmengen der Menge P heißt eine *Zerlegung* von P, wenn die Teilmengen paarweise disjunkt sind und ihre Vereinigung die Menge P ergibt.

Satz 1. *Die Äquivalenzklassen einer Äquivalenz ϱ in der Menge P bilden eine Zerlegung von P.*

Beweis. Wegen der Reflexivität ist jedes Element der Menge P in der von ihm bestimmten Äquivalenzklasse enthalten. Betrachten wir nun die Äquivalenzklassen A und B, die durch die Elemente a bzw. b bestimmt werden. Ist $x \in A$, $y \in B$ und $z \in A \cap B$, so gilt $x\varrho a$, $z\varrho a$, $z\varrho b$ und $y\varrho b$. Die Symmetrie der Relation ϱ erlaubt, daraus auf die Ketten

$$x\varrho a,\ a\varrho z,\ z\varrho a$$

und

$$y\varrho b,\ b\varrho z,\ z\varrho b$$

zu schließen, aus denen wegen der Transitivität folgt, daß $x\varrho b$ und $y\varrho a$, das heißt $A \subseteq B \subseteq A$ gilt. Verschiedene Äquivalenzklassen haben also keine gemeinsamen Elemente.

Die Menge aller Äquivalenzklassen einer auf der Menge P definierten Äquivalenz ϱ heißt die *Faktormenge* von P nach der Äquivalenz ϱ und wird mit P/ϱ bezeichnet.

Die Abbildung von P auf P/ϱ, die jedem Element x aus P die durch x bestimmte Äquivalenzklasse zuordnet, heißt die *natürliche Abbildung* von P auf P/ϱ.

Umgekehrt definiert jede Zerlegung der Menge P eine Äquivalenz. Die folgende Behauptung ergibt sich unmittelbar aus den Definitionen:

Satz 2. *Ist Σ eine Zerlegung der Menge P, dann ist die Relation ϱ mit*

$$a\varrho b \underset{\text{def}}{=} a \text{ und } b \text{ gehören derselben Teilmenge aus } \Sigma \text{ an}$$

eine Äquivalenz, deren Äquivalenzklassen die Teilmengen des Systems Σ und nur sie sind.

Wir bemerken, daß man bei gegebener Äquivalenz ϱ über die Konstruktion der zugehörigen Zerlegung Σ mit Hilfe von Satz 1 und der anschließenden Ermittlung der in Satz 2 beschriebenen Relation wieder die Relation ϱ erhält. Ebenso entsteht aus einer gegebenen Zerlegung Σ nach Ausführung der in den Sätzen 2 und 1 in dieser Reihenfolge beschriebenen Konstruktionen wieder die Zerlegung Σ. Somit besteht zwischen den Äquivalenzen in einer gegebenen Menge und den Zerlegungen dieser Menge eine umkehrbar eindeutige Zuordnung.

Der Gegenstand der weiteren Untersuchungen sind die sogenannten *Ordnungsrelationen* oder *Ordnungen*, das heißt reflexive, antisymmetrische und transitive Relationen. Es ist klar, daß zum Beispiel die Diagonale einer Menge eine Ordnung ist. Die Inklusion $\subseteq$ in der Menge $\mathfrak{P}(M)$ aller Teilmengen der Menge M ist ebenfalls eine Ordnung.

Satz 3. *Wenn $\leqq$ eine reflexive und transitive Relation in der Menge P ist, dann ist die Relation ϱ mit*

$$a\varrho b \underset{\text{def}}{=} a \leqq b \quad \text{und} \quad b \leqq a$$

eine Äquivalenz. Die Relation $\leqq$ in der Faktormenge $\bar{P} = P/\varrho$, die durch die Bedingung

$$\bar{a} \leqq \bar{b} \underset{\text{def}}{=} a \leqq b$$

definiert ist (wobei $\bar{a}$ die durch das Element a bestimmte Äquivalenzklasse der Relation ϱ bezeichnet), erweist sich als Ordnung.

Beweis. Reflexivität und Transitivität der Relation ϱ ergeben sich sofort aus den entsprechenden Eigenschaften der Relation $\leqq$. Die Symmetrie der Relation ϱ folgt unmittelbar aus der Definition.

Ist $\bar{a} = \bar{c}$, $\bar{b} = \bar{d}$ und $\bar{a} \leqq \bar{b}$, so gilt

$$c \leqq a \leqq b \leqq d,$$

d. h. $\bar{c} \leqq \bar{d}$, und die Relation $\leqq$ auf der Menge $\bar{P}$ ist korrekt definiert, d. h., sie hängt nicht von den Repräsentanten a, b der Äquivalenzklassen $\bar{a}, \bar{b}$ ab. Ihre Reflexivität und Transitivität lassen sich leicht aus den entsprechenden Eigenschaften der Relation $\leqq$ in der Menge P ableiten.

Ist $\bar{a} \leqq \bar{b}$ und $\bar{b} \leqq \bar{a}$, so folgt

$$a \leqq b \leqq a,$$

d. h. $\bar{a} = \bar{b}$. Das bedeutet, daß die Relation $\leqq$ auf $\bar{P}$ auch antisymmetrisch ist.

Eine Menge P heißt *teilweise geordnet*, wenn in ihr eine Ordnung fixiert ist, die wir gewöhnlich durch $\leqq$ bezeichnen; $a \leqq b$ wird dementsprechend als „a ist kleiner oder gleich b" gelesen.[1])

Für $a \leqq b$ und $a \neq b$ schreiben wir auch $a < b$. In ein und derselben Menge kann man verständlicherweise verschiedene Ordnungen festlegen. Die dabei entstehenden teilweise geordneten Mengen werden als verschiedene Strukturen angesehen. Eine Menge, in der die Diagonale als Ordnung fixiert ist, heißt *trivial teilweise geordnet*.

---

[1]) Der Leser sei darauf hingewiesen, daß die Terminologie in der deutschsprachigen Literatur sehr uneinheitlich ist. Die teilweise geordneten Mengen werden auch als halbgeordnete Mengen, als teilweise Ordnungen, Halbordnungen oder kurz Ordnungen bezeichnet. Dabei wird unter dem letztgenannten Begriff dann nicht wie hier die Relation, sondern eine Menge mit fixierter Relation verstanden. (Anm. d. Red.)

Wichtige Beispiele für teilweise geordnete Mengen werden durch die Potenzmengen $\mathfrak{P}(M)$ mit der Inklusion als Ordnung gegeben. Ferner ist offenbar auch jede Teilmenge einer teilweise geordneten Menge durch die induzierte Ordnung teilweise geordnet.

Zwei teilweise geordnete Mengen P und P' heißen *isomorph*, wenn es eine umkehrbar eindeutige Abbildung φ der Menge P auf die Menge P' gibt derart, daß für beliebige a, b aus P genau dann $a \leqq b$ ist, wenn $\varphi(a) \leqq \varphi(b)$ gilt. Wir bemerken, daß die Eineindeutigkeit der Abbildung φ aus der letzten Bedingung abgeleitet werden kann. Eine Abbildung φ einer teilweise geordneten Menge P in eine teilweise geordnete Menge P' heißt *isoton*, wenn aus $a \leqq b$ stets $\varphi(a) \leqq \varphi(b)$ folgt.

Die Elemente a und b einer teilweise geordneten Menge P heißen *vergleichbar*, wenn $a \leqq b$ oder $b \leqq a$ gilt. Zwei Elemente einer trivial teilweise geordneten Menge sind offenbar genau dann vergleichbar, wenn sie identisch sind. Das Element v einer teilweise geordneten Menge P heißt *das größte Element*, wenn $v \geqq x$ für alle $x \in P$ gilt. Ist dagegen $u \leqq x$ für alle $x \in P$, so heißt u *das kleinste Element*. Das größte Element wird häufig als *die Eins* und das kleinste Element als *die Null* der teilweise geordneten Menge P bezeichnet. Natürlich braucht eine teilweise geordnete Menge weder ein größtes noch ein kleinstes Element zu enthalten. Das ist speziell bei einer mehr als ein Element enthaltenden trivial teilweise geordneten Menge der Fall. Ein Element M einer teilweise geordneten Menge P heißt *maximal*, wenn aus $M \leqq a$ für $a \in P$ stets $a = M$ folgt. Folgt aus $a \leqq m$ für $a \in P$ stets $a = m$, so nennt man m ein *minimales Element* von P. Es läßt sich leicht nachweisen, daß das größte Element maximal und das kleinste Element minimal ist. Die Umkehrung ist im allgemeinen falsch. So ist zum Beispiel in einer trivial teilweise geordneten Menge jedes Element sowohl maximal als auch minimal. Ein anderes Beispiel für minimale, aber nicht kleinste Elemente stellen die Primzahlen in der Menge der von 1 verschiedenen positiven ganzen Zahlen mit der Teilbarkeitsrelation als Ordnung dar. (Das heißt $m \leqq n \underset{\text{def}}{=} m$ teilt n.)

Es sei vermerkt, daß sich die Definition des größten Elementes einfach durch Umkehren des Symbols $\leqq$ aus der Definition des kleinsten Elementes ergibt. Genau derselbe Zusammenhang besteht zwischen den Begriffen des minimalen und des maximalen Elementes. Allgemein erhalten wir aus einer beliebigen Aussage über teilweise geordnete Mengen durch Umkehren der Ordnungsrelationszeichen eine neue Aussage. Auf diese Weise miteinander verbundene *Aussagen* heißen zueinander *dual*.

Sei P eine teilweise geordnete Menge. Wir definieren auf der Menge P eine Relation $\trianglelefteq$ in folgender Weise:

$$a \trianglelefteq b \underset{\text{def}}{=} b \leqq a .$$

Man prüft leicht nach, daß die Relation $\trianglelefteq$ eine Ordnung ist. Die so aus P entstehende teilweise geordnete Menge bezeichnen wir mit P^*. Es ist klar, daß $P^{**} = P$ ist. Die teilweise geordneten *Mengen* P und P^* heißen zueinander *dual*.

Dualitätsprinzip. *Mit jedem gültigen Satz über teilweise geordnete Mengen, der in allgemein-logischen und ordnungs-theoretischen Begriffen formuliert wurde, ist auch der zu ihm duale Satz richtig.*

In der Tat, sei T ein richtiger Satz. Wir nehmen an, daß die Voraussetzung des dualen Satzes T^* in einer teilweise geordneten Menge P erfüllt ist. Dann ist die Voraussetzung des Satzes $T^{**} = T$ in der dualen teilweise geordneten Menge P^* erfüllt, und folglich gilt die Behauptung dieses Satzes. Schließlich gilt dann in der teilweise geordneten Menge $P^{**} = P$ die Behauptung des Satzes T^*, was zu zeigen war.

Dabei sei noch einmal betont, daß für die Anwendung des Dualitätsprinzips alle Aussagen und Begriffe, die in der einen Formulierung vorkommen und sich auf eine Ordnung beziehen, durch die zu ihnen dualen zu ersetzen sind, während die logischen Termini unverändert bleiben. In Zweifelsfällen muß man entweder den Beweis des Dualitätsprinzips nachvollziehen oder eine Überlegung anstellen, bei der man jeden Beweisschritt eines Satzes durch den dualen ersetzt.

Sei A eine nichtleere Teilmenge der teilweise geordneten Menge P. Das Element a aus P heißt die *obere Grenze* der Menge A, wenn $a \geqq x$ ist für alle $x \in A$ und wenn aus der Beziehung $v \geqq x$ für alle $x \in A$ stets $v \geqq a$ folgt. Dual dazu wird der Begriff der *unteren Grenze* der Menge A definiert; $a \in P$ heißt die untere Grenze der Menge A, wenn $a \leqq x$ ist für alle $x \in A$ und wenn aus $u \leqq x$ für alle $x \in A$ stets $u \leqq a$ folgt. Die obere und die untere Grenze der Menge A in der teilweise geordneten Menge P bezeichnen wir durch $\sup_P A$ bzw. $\inf_P A$. Der Indes P wird oft weggelassen. Aus den Definitionen ergeben sich unmittelbar folgende Aussagen:

(a) Gilt $a \leqq b$, so ist $\sup\{a, b\} = b$ und $\inf\{a, b\} = a$.

(b) Sei $A \subseteq B \subseteq P$. Wenn $\sup A$ und $\sup B$ (bzw. $\inf A$ und $\inf B$) existieren, so ist $\sup A \leqq \sup B$ (bzw. $\inf A \geqq \inf B$).

(c) Gilt $A \subseteq \mathfrak{P}(M)$, so ist $\sup A$ gleich der Vereinigung aller in A vorkommenden Teilmengen von M und $\inf A$ gleich ihrem Durchschnitt.

Diese Sätze werden im folgenden stillschweigend verwendet.

Etwas komplizierter ist der folgende

Satz 4. *Ist $\{A_\alpha\}$ eine gewisse Menge von Teilmengen einer teilweise geordneten Menge P, ist $A = \bigcup A_\alpha$ und existieren* $\sup A$ *und* $\sup A_\alpha$ *(bzw.* $\inf A$ *und* $\inf A_\alpha$*) für jedes α, dann gilt*

$$\sup A = \sup\{\sup A_\alpha\} \quad [\inf A = \inf\{\inf A_\alpha\}].$$

Beweis. Wir setzen $a = \sup A$ und $a_\alpha = \sup A_\alpha$. Wegen $a \geqq x_\alpha$ für alle $x_\alpha \in A_\alpha$ ist $a \geqq a_\alpha$ für jedes α. Ist nun $v \geqq a_\alpha$ für alle α, so ist $v \geqq x_\alpha$ für alle $x_\alpha \in A_\alpha$

und alle α, d. h. $v \geqq x$ für alle $x \in A$. Damit ist $v \geqq a$, und aus der Definition der oberen Grenze folgt

$$\sup A = a = \sup a_\alpha = \sup \{\sup A_\alpha\}.$$

Die zweite Behauptung wird durch duale Überlegungen bewiesen.

Satz 5. *Sei φ eine isotone Abbildung der teilweise geordneten Menge P in die teilweise geordnete Menge P' und A eine Teilmenge von P.*
Wenn $a = \sup_P A$ und $a' = \sup_{P'} \varphi(A)$ existieren, dann ist $\varphi(a) \geqq a'$. Wenn $b = \inf_P A$ und $b' = \inf_{P'} \varphi(A)$ existieren, dann ist $\varphi(b) \leqq b'$.

Beweis: Wegen $a \geqq x$ für alle $x \in A$ ist auf Grund der Isotonie von φ $\varphi(a) \geqq \varphi(x)$ für alle $x \in A$, d. h. $\varphi(a) \geqq x'$ für alle $x' \in \varphi(A)$. Daraus folgt $\varphi(a) \geqq a'$. Die zweite Behauptung beweist man durch duale Überlegungen.

Betrachten wir noch einmal eine nichtleere Teilmenge A einer teilweise geordneten Menge P. Als *oberen Konus* der Menge A bezeichnen wir die Menge aller Elemente x aus P, für die $x \geqq a$ für alle $a \in A$ gilt. Dual dazu definiert man den *unteren Konus*. Den oberen und den unteren Konus der Menge A werden wir durch die Symbole $A^\vartriangle$ bzw. $A^\triangledown$ bezeichnen.[1])

Satz 6. *Für den oberen und den unteren Konus gelten die folgenden Beziehungen:*

(i) *Ist $A \subseteq B$, so ist $A^\vartriangle \supseteq B^\vartriangle$ und $A^\triangledown \supseteq B^\triangledown$;*

(ii) $A \subseteq A^{\vartriangle\triangledown} \cap A^{\triangledown\vartriangle}$;

(iii) $A^\vartriangle = A^{\vartriangle\triangledown\vartriangle}$;

(iv) $A^\triangledown = A^{\triangledown\vartriangle\triangledown}$;

(v) $(A \cup B)^\vartriangle = A^\vartriangle \cap B^\vartriangle$;

(vi) $(A \cup B)^\triangledown = A^\triangledown \cap B^\triangledown$.

---

[1]) Der obere bzw. untere Konus der einelementigen Menge $\{x\}$ wird im folgenden abkürzend mit $x^\vartriangle$ bzw. $x^\triangledown$ bezeichnet. (Anm. d. Red.)

Beweis. Die Eigenschaft (i) folgt unmittelbar aus der Definition. Da $x \leqq y$ für beliebige $x \in A$ und $y \in A^{\triangle}$ gilt, ist $A \subseteq A^{\triangle\triangledown}$. Analog zeigt man, daß $A \subseteq A^{\triangledown\triangle}$. Aus (i) und (ii) erhalten wir unter Berücksichtigung der Assoziativität des Produkts von Abbildungen

$$A^{\triangle} \subseteq A^{\triangle(\triangledown\triangle)} = A^{(\triangle\triangledown)\triangle} \subseteq A^{\triangle}.$$

Die Gleichung (iv) wird analog bewiesen. Die Inklusion $(A \cup B)^{\triangle} \subseteq A^{\triangle} \cap B^{\triangle}$ folgt aus (i). Wenn umgekehrt $x \in A^{\triangle} \cap B^{\triangle}$ ist, so ist $x \geqq y$ für alle $y \in A \cup B$, womit (v) bewiesen ist. Die Gleichung (vi) verifiziert man in analoger Weise.

Satz 7. *Existiert* $\sup A$ *oder* $\inf A^{\triangle}$, *so ist*

$$\sup A = \inf A^{\triangle}.$$

Beweis. Ist $a = \sup A$, so gilt $x \leqq a$ für alle $x \in A$ und außerdem $a \leqq y$ für alle $y \in A^{\triangle}$. Wenn dagegen $u \leqq y$ für alle $y \in A^{\triangle}$ ist, folgt $u \leqq a$ wegen $a \in A^{\triangle}$, womit die Gleichung $a = \inf A^{\triangle}$ bewiesen ist. Existiert $b = \inf A^{\triangle}$, so gilt – auf Grund der Beziehung $x \leqq y$ für jedes $x \in A$ und alle $y \in A^{\triangle}$ – die Ungleichung $x \leqq b$ für alle $x \in A$. Ist schließlich $v \geqq x$ für alle $x \in A$, so ist v aus $A^{\triangle}$ und folglich $v \geqq b$. Somit ist $b = \sup A$.

Nach dem Dualitätsprinzip gilt der folgende

Satz 8. *Existiert* $\inf A$ *oder* $\sup A^{\triangledown}$, *so ist*

$$\inf A = \sup A^{\triangledown}.$$

Wenn a und b Elemente einer teilweise geordneten Menge P sind, für die $a \leqq b$ gilt, so heißt die Menge

$$[a, b] \underset{\text{def}}{=} \{x \mid a \leqq x \leqq b\}$$

ein *Intervall*. Natürlich gilt $a \in [a, b]$, $b \in [a, b]$. Besteht das Intervall aus genau zwei verschiedenen Elementen, so heißt es *einfach*.

Sei Q eine Teilmenge einer teilweise geordneten Menge. Wie schon erwähnt wurde, ist Q auch teilweise geordnet. Ist $A \subseteq Q$ und existiert $a = \sup_P A \in Q$, so prüft man leicht nach, daß $a = \sup_Q A$ ist. In analoger Weise folgt aus der Existenz von $a = \inf_P A$ in Q, daß $a = \inf_Q A$ ist. Dagegen folgt aus der Existenz von $\sup_Q A$ im allgemeinen nicht die Existenz von $\sup_P A$ (Abb. 1).[1]

Die oberen Grenzen $\sup_P A$ und $\sup_Q A$ können beide existieren, ohne miteinander identisch zu sein. Dies wird uns in § 3 begegnen.

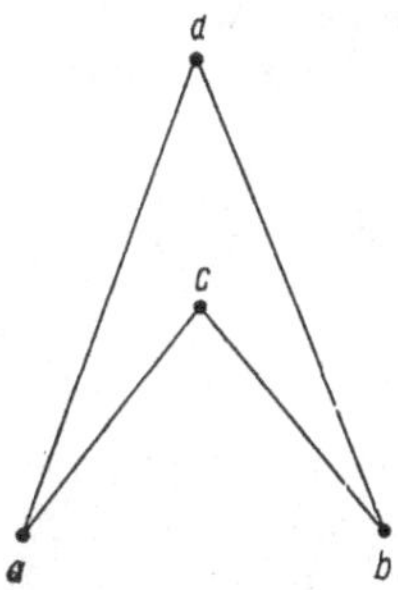

$P = \{a, b, c, d\}$

$Q = \{a, b, c\}$

$\sup_Q \{a, b\} = c$

$\sup_P \{a, b\}$ existiert nicht.

Abb. 1

Eine teilweise geordnete Menge P heißt eine *Kette*, wenn zwei beliebige ihrer Elemente vergleichbar sind. Man überzeugt sich leicht davon, daß jedes maximale Element einer Kette das größte und jedes minimale Element das kleinste Element der Kette ist. Ebenso weist man sofort nach, daß die Vereinigung einer wachsenden Folge ineinander liegender Ketten einer teilweise geordneten Menge eine Kette ist. Eine Kette $a_0 \leqq a_1$

---

[1] Bei der Darstellung einer teilweise geordneten Menge durch eine Figur wie Abb. 1 werden die Elemente dieser Menge durch Punkte bezeichnet, die in allen Fällen, wo sie Endpunkte desselben einfachen Intervalls sind, verbunden sind. Dabei liegt ein größeres Element oberhalb jedes kleineren. So stellt Abb. 1 die teilweise geordnete Menge $\{a, b, c, d\}$ mit $a < c$, $a < d$, $b < c$ und $b < d$ dar.

$\leqq \cdots \leqq a_n$, die zu einer teilweise geordneten Menge mit 0 und 1 gehört, heißt eine *Kompositionsreihe*, wenn $a_0 = 0$ und $a_n = 1$ ist und alle Intervalle $[a_{i-1}, a_i]$ $(i = 1, \ldots, n)$ einfach sind. Selbstverständlich existieren solche Kompositionsreihen nicht immer. Die Zahl n heißt die *Länge der Kompositionsreihe*.

Wir wollen jetzt ein System $\{P_\alpha \mid \alpha \in L\}$ von teilweise geordneten Mengen unter der Voraussetzung betrachten, daß die Menge L ebenfalls teilweise geordnet ist und daß je zwei verschiedene Mengen des Systems disjunkt sind. Die letzte Annahme soll nicht ausschließen, daß es sich bei einigen dieser Mengen um verschiedene Exemplare derselben Menge handelt. Sei P die mengentheoretische Vereinigung der Mengen des Systems $\{P_\alpha\}$. Für $a, b \in P$ setzen wir

$$a \leqq b \underset{\text{def}}{=} \begin{cases} a, b \in P_\alpha \quad \text{und} \quad a \leqq_{P_\alpha} b \\ \text{oder} \\ a \in P_\alpha, b \in P_\beta \quad \text{und} \quad \alpha < \beta.^{1)} \end{cases}$$

Es ist unmittelbar klar, daß die so erklärte Relation $\leqq$ reflexiv ist. Ist $a \leqq b$ und $b \leqq a$, so folgt $a \in P_\alpha$, $b \in P_\alpha$ für ein gewisses α und daher $a = b$. Wenn $a \leqq b$ und $b \leqq c$ ist, so sei $a \in P_\alpha$, $b \in P_\beta$, $c \in P_\gamma$. Man erhält $a \leqq c$ durch einfache Überlegungen in den folgenden vier Fällen:

a) $\alpha = \beta$, $\beta = \gamma$; b) $\alpha = \beta$, $\beta < \gamma$;

c) $\alpha < \beta$, $\beta < \gamma$; d) $\alpha < \beta$, $\beta = \gamma$.

Insgesamt ist P eine teilweise geordnete Menge, die als die *geordnete Summe* der Mengen P_α bezeichnet wird. Die wichtigsten Spezialfälle dieser Konstruktion sind die *Kardinal*- und die *Ordinalsumme*.

Die erste ergibt sich, wenn L trivial teilweise geordnet ist, die zweite erhält man, wenn L eine Kette ist.

---

[1]) $\leqq_{P_\alpha}$ bezeichnet die Ordnung in P_α.

Kehren wir zu dem oben betrachteten System $\{P_\alpha \mid \alpha \in L\}$ zurück. Es sei $\bar{P}$ das direkte Produkt der Mengen dieses Systems, d. h. die Menge derjenigen Funktionen a, die jeder Menge P_α ein Element $a_\alpha \in P_\alpha$ zuordnen. Die Funktionen a kann man sich als Zeilen (a_α) vorstellen, wo α die Menge L durchläuft. Die Frage nach der Existenz der Menge $\bar{P}$ für eine unendliche Menge L wird im folgenden Paragraphen untersucht. Auf der Menge $\bar{P}$ (wenn sie existiert) definieren wir die folgende Relation $\leqq$:

$$(a_\alpha) \leqq (b_\alpha) \underset{\text{def}}{=} a_\alpha \leqq b_\alpha \quad \text{für alle } \alpha .$$

Man prüft leicht nach, daß $\leqq$ eine Ordnung ist. Die so erhaltene teilweise geordnete Menge heißt das *direkte Produkt* der Mengen P_α. Die auf der Menge L vorliegende Ordnung spielt bei der Definition des direkten Produkts keine Rolle. Sie ist jedoch bei anderen Ordnungsdefinitionen auf der Menge $\bar{P}$ von Bedeutung, die im folgenden Parapraphen betrachtet werden.

Die geordnete Summe P enthält in natürlicher Weise ihre Summanden als Teilmengen. Das erlaubt uns zu sagen, daß P in eine geordnete Summe ihrer Teilmengen zerlegt ist. Eine teilweise geordnete Menge, die nicht in Form einer Ordinalsumme (bzw. Kardinalsumme) von Teilmengen darstellbar ist, heißt *ordinal* (bzw. *kardinal*) *unzerlegbar*.

Dagegen lassen die Faktoren P_α des direkten Produkts $\bar{P}$ keine so natürliche Deutung als Teilmengen von $\bar{P}$ zu. Betrachtet man in $\bar{P}$ die Menge derjenigen Spalten, bei denen an allen Stellen mit Ausnahme der Stelle α_0 ein festes Element steht, so erhält man sicher eine zu $P_{\alpha 0}$ isomorphe Teilmenge von $\bar{P}$. Man hat also $P_{\alpha 0}$ in $\bar{P}$ eingebettet. Jedoch gibt es viele solcher Einbettungen, und alle sind untereinander gleichberechtigt.

Satz 9. *Jede teilweise geordnete Menge ist die Kardinalsumme ihrer kardinal unzerlegbaren Teilmengen.*

Beweis. Wir definieren auf einer gegebenen teilweise geordneten Menge P eine Relation ϱ in folgender Weise:

$$a\varrho b \underset{\text{def}}{=} \begin{cases} \text{Es existiert eine endliche Kette} \\ \qquad a = a_1, a_2, \ldots, a_{m-1}, a_m = b \\ \text{derart, daß } a_i \text{ und } a_{i+1} \text{ vergleichbar sind für} \\ i = 1, 2, \ldots, m-1. \end{cases}$$

Man erkennt ohne Schwierigkeiten, daß ϱ eine Äquivalenz ist. Nach Satz 1 ist P die Vereinigung der Äquivalenzklassen P_α bezüglich ϱ; dabei ist $P_\alpha \cap P_\beta$ leer für $\alpha \neq \beta$, und die Elemente $x \in P_\alpha$ und $y \in P_\beta$ sind unvergleichbar. Damit ist P die Kardinalsumme der Teilmengen P_α. Wenn für irgendein α die teilweise geordnete Menge P_α die Kardinalsumme ihrer nichtleeren Teilmengen A und B ist, so wählen wir $a \in A$ und $b \in B$. Nach Definition von P_α existiert eine Kette

$$a = a_1, a_2, \ldots, a_{m-1}, a_m = b$$

mit vergleichbaren benachbarten Elementen. Und es gibt einen Index i, so daß $a_i \in A$ und $a_{i+1} \in B$ ist, was nach der Definition der Kardinalsumme mit der Vergleichbarkeit der Elemente a_i und a_{i+1} unvereinbar ist.

Ein analoger Satz gilt auch für die Ordinalsumme. Er wird in § 3 bewiesen.

Übungen

1. Wenn die Diagonale und die Einsrelation auf einer Menge P zusammenfallen, ist P einelementig.

2. Wenn eine Relation symmetrisch und antisymmetrisch ist, so ist sie die Diagonale.

3. Man betrachte folgende Relationen:

Nr.	Menge	Relation
1	Alle Teilmengen einer Menge	A ist in B enthalten
2	Alle endlichen Teilmengen einer Menge	A und B enthalten die gleiche Zahl Elemente
3	Alle Teilmengen einer Menge	$A \cap B$ ist nicht leer
4	Alle positiven ganzen Zahlen	Der größte gemeinsame Teiler von A und B ist 1
5	Alle positiven ganzen Zahlen	$A = B$ oder $A = 2B$

Man prüfe, ob die folgende Tabelle richtig ausgefüllt ist („+" bedeutet, daß die entsprechende Eigenschaft vorliegt, „−", daß sie nicht vorliegt):

Nr.	Reflexivität	Symmetrie	Antisymmetrie	Transitivität
1	+	−	+	+
2	+	+	−	+
3	+	+	−	−
4	−	+	−	−
5	+	−	+	−

4. Die transitive Relation ϱ auf der Menge P besitze folgende Eigenschaften:

a) $x\varrho x$ ist für kein $x \in P$ erfüllt;
b) Wenn $x\varrho y$, so $y \not\varrho x$ (das heißt, $y\varrho x$ gilt nicht).

Wir setzen
$$x \leqq y \underset{\text{def}}{=} x = y \quad \text{oder} \quad x\varrho y.$$

Es ist zu beweisen, daß $\leqq$ eine Ordnung ist.

5. Ist $\leqq$ eine Ordnung und
$$x\varrho y \underset{\text{def}}{=} x \leqq y \quad \text{und} \quad x \neq y$$

so ist die Relation ϱ transitiv und besitzt die Eigenschaften a) und b) der vorhergehenden Aufgabe.

6. Wenn φ ein Isomorphismus ist und a das größte (bzw. das kleinste, ein maximales oder ein minimales) Element ist, so ist auch $\varphi(a)$ das größte (bzw. das kleinste, ein maximales oder ein minimales) Element. Man konstruiere Beispiele, aus denen ersichtlich ist, daß dies für eine beliebige isotone Abbildung nicht gilt.

7. Es existieren genau zwei nichtisomorphe zweielementige teilweise geordnete Mengen.

8. In einer endlichen teilweise geordneten Menge existieren stets maximale und minimale Elemente.

9. Ein Element, das zugleich maximal und minimal ist, ist mit keinem von ihm verschiedenen Element vergleichbar.

10. Sind a und b maximale Elemente, so existiert $\sup\{a, b\}$ dann und nur dann, wenn $a = b$ ist.

11. Wenn eine Teilmenge A einer teilweise geordneten Menge P zwei verschiedene maximale Elemente der Menge P enthält, dann existiert $\sup A$ nicht.

12. Man konstruiere ein Beispiel, das zeigt, daß $\sup A$ nicht zu existieren braucht, obwohl A genau ein maximales Element enthält.

13. Man formuliere und beweise die zu den Übungen 9—11 dualen Behauptungen.

14. Man beweise

$$\inf_i (\sup_j \{x_{ij}\}) \geqq \sup_j (\inf_i \{x_{ij}\}),$$

vorausgesetzt, daß beide Seiten dieser Ungleichung existieren.

15. Man definiere auf einer Menge P eine Relation ϱ, die keine Äquivalenz ist, deren Nebenklassen aber eine Zerlegung bilden.

16. Jede teilweise geordnete Menge ist die geordnete Summe einelementiger Mengen.

17. Eine teilweise geordnete Menge ist genau dann die Kardinalsumme (Ordinalsumme) einelementiger Mengen, wenn sie trivial teilweise geordnet (eine Kette) ist.

18. Wenn man jeden Summanden einer Kardinalsumme (Ordinalsumme) in eine Kardinalsumme (Ordinalsumme) zerlegt, erhält man eine neue Zerlegung der ursprünglichen teilweise geordneten Menge in eine Kardinalsumme (Ordinalsumme). (Sie heißt eine *Fortsetzung der gegebenen Zerlegung.*)

19. Zwei beliebige Zerlegungen einer teilweise geordneten Menge in eine Kardinalsumme (Ordinalsumme) besitzen eine gemeinsame Fortsetzung.

20. Eine Ordinalsumme ist dann und nur dann eine Kette, wenn jeder Summand eine Kette ist.

21. Eine endliche teilweise geordnete Menge mit 0 und 1 besitzt immer Kompositionsreihen.

22. Man konstruiere ein Beispiel einer unendlichen teilweise geordneten Menge, die eine Kompositionsreihe besitzt.

2. Transfinite Zahlen

In der mengentheoretischen Mathematik findet die transfinite Induktion zahlreiche Anwendungen. Die Möglichkeit ihrer Anwendung beruht auf dem folgenden Sachverhalt:

Satz 1. *Die Eigenschaften* (1), (2) *und* (3) *einer teilweise geordneten Menge P sind gleichwertig:*

(1) (*Minimalbedingung*). *Jede nichtleere Teilmenge der Menge P ist eine teilweise geordnete Menge, die ein minimales Element enthält.*

(2) (*Induktivitätsbedingung*). *Wenn alle minimalen Elemente der Menge P eine gewisse Eigenschaft* $\mathfrak{E}$ *besitzen und aus der Annahme, daß alle* x *aus P mit* $x < a$ *die Eigenschaft* $\mathfrak{E}$ *haben, stets folgt, daß auch das Element* a *die Eigenschaft* $\mathfrak{E}$ *besitzt, dann besitzen alle Elemente von P die Eigenschaft* $\mathfrak{E}$.

(3) (*Endlichkeitsbedingung für fallende Ketten*). *Zu jeder Kette*

$$a_1 \geqq a_2 \geqq \cdots \geqq a_k \geqq \cdots$$

von Elementen aus P gibt es einen Index n, *so daß gilt*

$$a_n = a_{n+1} = a_{n+2} = \cdots .$$

Beweis (1) $\Rightarrow$ (2). Wir nehmen an, daß die Voraussetzungen der Induktivitätsbedingung erfüllt sind, und betrachten die Menge M aller Elemente aus P, die nicht die Eigenschaft $\mathscr{E}$ haben.

Wenn die Bedingung (2) nicht gilt, dann ist M nicht leer. Nach (1) gibt es in M ein minimales Element a. Gemäß der Voraussetzung von (2) kann a nicht minimales Element der teilweise geordneten Menge P sein. Es existiert also ein x mit $x < a$, d. h. $x \notin M$, und folglich besitzt x die Eigenschaft $\mathscr{E}$. Dann besitzt auch a die Eigenschaft $\mathscr{E}$. Dies ist ein Widerspruch.

(2) $\Rightarrow$ (3). Wir sagen, daß ein Element a die Eigenschaft $\mathscr{E}$ besitzt, wenn jede fallende Kette, die mit a beginnt, abbricht, d. h. die Bedingung (3) erfüllt. Jedes minimale Element $m \in P$ besitzt die Eigenschaft $\mathscr{E}$, da für die entsprechende Kette notwendigerweise gilt

$$m = a_1 = a_2 = \cdots.$$

Wenn a aus P ist und alle $x < a$ die Eigenschaft $\mathscr{E}$ haben, dann betrachten wir die Kette

$$a = a_1 \geqq a_2 \geqq \cdots.$$

Steht hier nicht überall das Gleichheitszeichen, so läßt sich eine Stelle i derart finden, daß $a_1 = \cdots = a_{i-1}$ und $a_{i-1} > a_i$ ist. Dann besitzt aber das Element a_i die Eigenschaft $\mathscr{E}$, d. h., die Kette

$$a_i \geqq a_{i+1} \geqq \cdots$$

und auch die Kette

$$a_1 \geqq \cdots \geqq a_i \geqq a_{i+1} \geqq \cdots$$

brechen ab. Damit besitzt das Element a die Eigenschaft $\mathscr{E}$. Nach (2) besitzen alle Elemente von P die Eigenschaft $\mathscr{E}$, und das ist gleichbedeutend damit, daß P die Bedingung (3) erfüllt.

(3) $\Rightarrow$ (1). Wir nehmen an, daß eine Teilmenge M der

Menge P teilweise geordnet ist, aber keine minimalen Elemente besitzt. Wählen wir als a_1 irgendein Element aus M, und nehmen an, daß die Kette

$$a_1 > a_2 > \cdots > a_n$$

von Elementen aus M bereits konstruiert ist, so existiert ein Element $a_{n+1} < a_n$ in M, weil a_n in M nicht minimal ist. Auf diese Weise entsteht eine unendliche Kette

$$a_1 > a_2 > \cdots > a_n > \cdots,$$

die nicht der Bedingung (3) genügt.

Eine Kette, die die Minimalbedingung erfüllt (d. h. auch die übrigen Bedingungen des Satzes 1) heißt eine *wohlgeordnete Menge* oder eine *Wohlordnung*. Die Elemente einer Wohlordnung werden *transfinite Zahlen* genannt.

Jede endliche Kette ist eine Wohlordnung. Die in der üblichen Weise geordnete Menge der natürlichen Zahlen ist ebenfalls eine Wohlordnung. Die Menge aller ganzen Zahlen ist keine Wohlordnung bezüglich der üblichen Ordnung, da sie selbst kein kleinstes Element besitzt. Sie kann jedoch wohlgeordnet werden, wenn man eine Ordnung in folgender Weise einführt:

$$1 < 2 < 3 < \cdots < 0 < -1 < -2 < -3 < \cdots.$$

Ein anderes Beispiel einer nicht wohlgeordneten Menge ist das abgeschlossene Intervall $[0, 1]$; zum Beispiel enthält das offene Intervall $(^1/_2, 1)$ kein minimales Element.

Aus der Definition einer Wohlordnung geht hervor, daß sie immer ein kleinstes Element 0 enthält. Die folgenden Elemente bezeichnet man entsprechend mit 1, 2, ... usw. Wenn α eine gewisse transfinite Zahl ist, dann heißt der untere Konus α^∇, aus dem das Element α entfernt wurde, ein *Anfangsintervall* und wird durch $[0,\alpha)$ bezeichnet. Unter dem Symbol $[0, 0)$ versteht man die leere Menge. Wenn $\alpha \neq 0$ ist und das Anfangsintervall $[0, \alpha)$ kein größtes Element enthält, so heißt α eine *Limeszahl*. Ein Beispiel einer transfiniten Limeszahl ist die Zahl 0 in der oben betrachteten Wohlordnung der ganzen Zahlen. Zu jeder transfiniten Zahl α existiert unter den transfiniten Zahlen des oberen Konus α^{Δ}, die von α verschieden sind, eine kleinste, die wir mit $\alpha + 1$ bezeichnen werden.

Satz 2. *Ist α eine transfinite Limeszahl, dann gilt*

$$[0, \alpha) = \bigcup_{\beta<\alpha} [0, \beta).$$

Beweis. Für $\gamma \in [0, \alpha)$ ist $\gamma + 1 \leqq \alpha$, da zwischen γ und $\gamma + 1$ keine Elemente liegen. Die Gleichheit ist jedoch auf Grund der Limes-Eigenschaft von α unmöglich. Somit ist $\gamma \in [0, \gamma + 1) \subseteq \bigcup_{\beta<\alpha} [0, \beta)$, d. h. $[0, \alpha) \subseteq \bigcup_{\beta<\alpha} [0, \beta)$. Die umgekehrte Inklusion gilt offensichtlich.

Eine Kette C einer teilweise geordneten Menge P heißt eine *maximale Kette*, wenn für jedes Element x aus P, das nicht zu C gehört, die Teilmenge $C \cup \{x\}$ keine Kette ist.

Satz 3. *Folgende Aussagen sind äquivalent:*

(1) (Auswahlaxiom). *Zu jeder nichtleeren Menge $\mathfrak{M}$ existiert eine Abbildung φ der Menge $\mathfrak{P}(\mathfrak{M})$ in die Menge $\mathfrak{M}$ derart, daß $\varphi(A) \in A$ ist für alle nichtleeren $A \in \mathfrak{P}(\mathfrak{M})$.*

(2) (Satz von Zermelo oder Wohlordnungssatz). *Auf jeder nichtleeren Menge kann man eine Ordnung so definieren, daß die Menge bezüglich dieser Ordnung wohlgeordnet ist.*

(3) (Satz von Haussdorff). *Jede Kette einer beliebigen teilweise geordneten Menge kann in eine maximale Kette eingebettet werden.*

(4) (Lemma von Kuratowski und Zorn). *Wenn der obere Konus einer beliebigen Kette einer teilweise geordneten*

Menge P nicht leer ist, dann enthält P ein maximales Element.

(5) *Besitzt jede Kette einer teilweise geordneten Menge P eine obere Grenze, so enthält P ein maximales Element.*

Beweis. (1) $\Rightarrow$ (5). Sei P eine teilweise geordnete Menge derart, daß für jede Kette C aus P sup C existiert, und sei ferner φ eine Abbildung der Menge $\mathfrak{P}(P)$ in die Menge P, wie sie nach dem Auswahlaxiom existiert. Wir nehmen an, daß P keine maximalen Elemente enthält. Damit ist $x^{\triangle} \setminus \{x\}$ für jedes $x \in P$ eine nichtleere Menge, und wir definieren $f(x) \underset{\text{def}}{=} \varphi(x^{\triangle} \setminus \{x\})$. Sei a_0 ein Element aus P. Eine Teilmenge H der Menge P soll eine *Zornsche Menge* genannt werden, wenn folgendes gilt: a) $a_0 \in H$; b) wenn $x \in H$, so $f(x) \in H$; c) wenn die Kette C in H liegt, so ist $\sup C \in H$. Man zeigt leicht, daß der Durchschnitt H_0 aller Zornschen Mengen wieder eine Zornsche Menge ist. Es läßt sich auch leicht nachrechnen, daß der obere Konus $a_0^{\triangle}$ eine Zornsche Menge ist. Daher ist $H_0 \subseteq a_0^{\triangle}$.

Ein Element $a \in H_0$ heißt *ausgezeichnet*, wenn aus der Ungleichung $z < a$ für ein $z \in H_0$ folgt, daß $f(z) \leqq a$ ist.

Hilfssatz 1. *Wenn a ein ausgezeichnetes Element ist, dann ist die Menge*

$$B(a) = \{z \mid z \in H_0, z \leqq a \quad \textit{oder} \quad f(a) \leqq z\}$$

eine Zornsche Menge.

Es ist $a_0 \in B(a)$, da $a \in H_0 \subseteq a_0^{\triangle}$. Wenn ferner $x \in B(a)$ ist, so gilt $x < a$, $x = a$ oder $f(a) \leqq x$. Im ersten Fall gilt $f(x) \leqq a$, woraus $f(x) \in B(a)$ folgt. Ist $x = a$, so gilt $f(a) \leqq f(x)$, was wieder zu $f(x) \in B(a)$ führt. Im dritten Fall gilt schließlich $f(a) \leqq x \leqq f(x)$, woraus erneut hervorgeht, daß $f(x) \in B(a)$ ist. Ist schließlich C eine Kette und $C \subseteq B(a)$, so gilt für $C \subseteq a^{\triangledown}$ $\sup C \in a^{\triangledown} \cap H_0 \subseteq B(a)$. Ist dagegen $c \nleqq a$ für ein $c \in C$, so gilt $f(a) \leqq c$, da $c \in B(a)$ ist. Aber dann ist

$$f(a) \leqq \sup C \text{ und folglich } \sup C \in B(a).$$

Hilfssatz 2. *Die Menge A aller ausgezeichneten Elemente ist eine Zornsche Menge.*

Das Element a_0 ist ein ausgezeichnetes Element, da $z < a_0$ für kein $z \in H_0$ gilt. Sei $a \in A$ und, $z < f(a)$ für ein $z \in H_0$. Aus dem Hilfssatz 1 ergibt sich $z \in H_0 \subseteq B(a)$. Folglich gilt $f(a) \leqq z$ oder $z \leqq a$. Die erste Ungleichung ist jedoch unmöglich. Wenn aber die zweite erfüllt ist, dann gilt für $z = a$ die Gleichung $f(z) = f(a)$ und für $z < a$ in Anbetracht der Beziehung $a \in A$ die Ungleichung $f(z) \leqq a \leqq f(a)$. Also ist $f(a)$ ein ausgezeichnetes Element. Sei schließlich C eine Kette in A, $w = \sup C$ und $z < w$ für ein $z \in H_0$. Wenn $z < c$ ist für ein $c \in C$, so gilt $f(z) \leqq c \leqq w$; da c ein ausgezeichnetes Element ist. Wenn $z \not< c$ ist, betrachten wir die Beziehung $z \in H_0 \subseteq B(c)$, die aus dem Hilfssatz 1 folgt. Aus ihr läßt sich ableiten, daß $z = c$ oder $c < f(c) \leqq z$ ist. Wenn also $z \not< c$ für alle $c \in C$ ist, dann muß $z \geqq c$ für alle $c \in C$ sein. Aber dann gilt $z \geqq w$, was unmöglich ist. Damit ist w ein ausgezeichnetes Element.

Hilfssatz 3. *H_0 ist eine Kette.*

Nach dem Hilfssatz 2 sind alle Elemente von H_0 ausgezeichnet. Für $a, b \in H_0$ gilt nach dem Hilfssatz 1 $b \in B(a)$. Folglich ist $b \leqq a$ oder $a < f(a) \leqq b$.

Wir verweisen nun darauf, daß auf Grund von Hilfssatz 3 und der anfangs gemachten Annahme $w = \sup H_0$ existiert. Dann folgt aber aus der Definition der ZORNschen Menge, daß $w \in H_0$, $f(w) \in H_0$ und folglich

$$w < f(w) \leqq w$$

gilt. Das ist ein Widerspruch.

(2) $\Rightarrow$ (3). Sei C eine Kette in einer teilweise geordneten Menge P. Wenn $C = P$ ist, ist alles bewiesen. Andernfalls betrachten wir die Menge $L = P \setminus C$ und

wählen auf ihr eine Ordnung $\trianglelefteq$, die sie in eine wohlgeordnete Menge verwandelt. Wir sagen, die transfinite Zahl $\alpha \in L$ besitzt die Eigenschaft $\mathcal{E}$, wenn für jedes $\beta \lhd \alpha$ eine Kette $C_\beta \subseteq P$ existiert mit folgenden Eigenschaften: a) $C \subseteq C_\beta$; b) wenn $\gamma \lhd \beta \lhd \alpha$ ist, so folgt $C_\gamma \subseteq C_\beta$; c) wenn $\beta \notin C_\beta$ ist, dann ist β mit keinem $\xi \in C_\gamma$ vergleichbar für $\gamma \lhd \beta$. Für die kleinste transfinite Zahl $0 \in L$ setzen wir

$$C_0 \underset{\text{def}}{=} \begin{cases} C, \text{ wenn } 0 \text{ mit irgendeinem } c \in C \text{ unvergleichbar ist;} \\ C \cup 0, \text{ sonst.} \end{cases}$$

Somit besitzt 0 die Eigenschaft $\mathcal{E}$. Wir nehmen an, daß alle transfiniten Zahlen kleiner als α die Eigenschaft $\mathcal{E}$ besitzen. Wegen b) ist die Menge $\overline{C} = \bigcup_{\beta \lhd \alpha} C_\beta$ eine Kette.

Wir setzen

$$C_\alpha \underset{\text{def}}{=} \begin{cases} \overline{C}, \text{ wenn } \alpha \text{ mit irgendeinem } \bar{c} \in \overline{C} \text{ unvergleichbar ist;} \\ \overline{C} \cup \alpha, \text{ sonst.} \end{cases}$$

Damit ist gezeigt, daß die transfinite Zahl α die Eigenschaft $\mathcal{E}$ besitzt. Weil nach dem Satz 1 die Menge L die Induktivitätsbedingung erfüllt, besitzen alle transfiniten Zahlen aus L die Eigenschaft $\mathcal{E}$. Mit anderen Worten, es existiert für jedes $\alpha \in L$ eine Kette C_α. Es sei

$$Q = \bigcup_{\alpha \in L} C_\alpha .$$

Dann ist Q eine Kette, wie man sofort sieht. Wenn diese Kette nicht maximal ist, gibt es ein ξ mit $\xi \notin Q$, so daß die Menge $Q \cup \{\xi\}$ auch eine Kette ist. Da aber $\xi \notin C$ ist, muß ξ eine transfinite Zahl aus L sein und $\xi \notin C_\xi$. Unter Verwendung von c) ergibt sich, daß ξ mit einem gewissen Element aus Q unvergleichbar ist. Das widerspricht aber der Tatsache, daß $Q \cup \{\xi\}$ eine Kette ist.

(3) $\Rightarrow$ (4). Möge die teilweise geordnete Menge P die Prämisse des Lemmas von KURATOWSKI und ZORN erfüllen. Die einelementige Menge $\{a\}$ mit $a \in P$ ist eine Kette. Nach (3) kann diese in eine maximale Kette C eingebettet werden. Nach Voraussetzung existiert ein Element $c \in C^{\triangle}$.

Wenn c kein maximales Element der teilweise geordneten Menge P ist, gibt es ein $x \in P$ mit $c < x$. Natürlich ist $x \in C^{\triangle} \setminus C$ und deshalb ist $C \cup \{x\}$ eine Kette, was der Maximalität der Kette C widerspricht.

(4) $\Rightarrow$ (5). Offensichtlich.

(5) $\Rightarrow$ (2). Sei $\mathfrak{M}$ eine nichtleere Menge. Wir betrachten alle Teilmengen der Menge $\mathfrak{M}$, auf denen eine Ordnung so erklärt werden kann, daß sie zu Wohlordnungen werden. Bezeichne $\mathfrak{P}$ die Gesamtheit aller derartigen Mengen mit den entsprechenden Ordnungen. Es leuchtet ein, daß dieselbe Teilmenge in $\mathfrak{P}$ mehrfach auftreten kann, wenn sie mit verschiedenen Ordnungen versehen ist. Die Menge $\mathfrak{P}$ ist nicht leer, da sie alle einelementigen Teilmengen von $\mathfrak{M}$ enthält. Wir definieren auf $\mathfrak{P}$ eine Ordnung $\trianglelefteq$, indem wir festlegen:

$$A \trianglelefteq B \underset{\text{def}}{=} \begin{cases} A \subseteq B; \\ x \leqq_A y \text{ impliziert } x \leqq_B y \text{ für beliebige} \\ \qquad x, y \in A; \\ a <_B b \text{ für } a \in A \text{ und } b \in B \setminus A. \end{cases}$$

Man überzeugt sich ohne Mühe davon, daß die Relation $\trianglelefteq$ alle Eigenschaften einer Ordnung aufweist. Wenn $\mathfrak{C}$ eine Kette aus $\mathfrak{P}$ und C die Vereinigung der zu $\mathfrak{C}$ gehörenden Teilmengen ist, so definieren wir auf C eine Relation $\leqq$ wie folgt:

$$x \leqq y \underset{\text{def}}{=} x \leqq_A y \quad \text{für ein } A \in \mathfrak{C}.$$

Die Reflexivität von $\leqq$ ist sofort klar. Wenn $x \leqq y$ und $y \leqq x$ ist, dann ist $x \leqq_A y$ und $y \leqq_B x$ für gewisse $A, B \in \mathfrak{C}$. Weil aber $\mathfrak{C}$ eine Kette ist, gilt zum Beispiel $A \trianglelefteq B$. Folglich ist $x \leqq_B y$ und $y \leqq_B x$ und damit $x = y$. Die Relation $\leqq$ ist also antisymmetrisch. Aus $y \leqq x$ und $y \leqq z$ folgert man wie oben, daß ein $B \in \mathfrak{C}$ existiert, in dem $x \leqq_B y$ und $y \leqq_B z$ gilt. Folglich gilt auch $x \leqq_B z$, d. h. aber $x \leqq z$. Damit ist bewiesen, daß die Relation $\leqq$ eine Ordnung ist. Für $x, y \in C$ gibt es Mengen A und B aus $\mathfrak{C}$ mit $x \in A$ und $y \in B$. Es sei beispielsweise wieder $A \trianglelefteq B$. Also sind x und y bzgl. der Ordnung $\leqq_B$ und damit auch im Sinne der Ordnung $\leqq$ vergleichbar. C ist also eine Kette. Ist schließlich

$$x_1 \geqq x_2 \geqq \cdots$$

eine Kette, so existieren Teilmengen $A_1, A_2, A_3, \ldots \in \mathfrak{C}$ derart, daß

$$x_1 \geqq_{A_1} x_2 \geqq_{A_2} x_3 \geqq_{A_3} \cdots$$

gilt. Wir nehmen an, daß für alle $k < m$ schon $x_k \geqq_{A_1} x_{k+1}$ bewiesen ist. Dann ist $x_m \in A_1$ und $x_m \geqq_{A_m} x_{m+1}$. Aus $A_m \trianglelefteq A_1$ folgt offensichtlich auch $x_m \geqq_{A_1} x_{m+1}$. Nehmen wir an, daß $A_1 \trianglelefteq A_m$ ist. Gilt $x_{m+1} \notin A_1$, dann folgt $x_{m+1} >_{A_m} x_m$, was unmöglich ist. Wenn dagegen $x_{m+1} \in A_1$ und $x_{m+1} >_{A_1} x_m$ gilt, so ergibt sich wiederum $x_{m+1} >_{A_m} x_m$. Also ist $x_m \geqq_{A_1} x_{m+1}$. Auf diese Weise erhalten wir eine Kette

$$x_1 \geqq_{A_1} x_2 \geqq_{A_1} x_3 \geqq_{A_1} \cdots.$$

Weil nun A_1 eine Wohlordnung ist, existiert nach Satz 1 ein Index n derart, daß

$$x_n = x_{n+1} = \cdots$$

gilt. Insgesamt haben wir bewiesen, daß C eine Wohlordnung ist, d. h. $C \in \mathfrak{P}$. Ist $A \in \mathfrak{C}$, dann ist $A \subseteq C$, und $x \leqq_A y$ impliziert $x \leqq y$. Wenn $x \in A$ und $y \in C \setminus A$ ist, dann ist $y \in B \setminus A$ für ein gewisses $B \in \mathfrak{C}$. Natürlich gilt $A \trianglelefteq B$ und folglich $x \leqq_B y$, woraus sich $x \leqq y$ ergibt. Somit ist $A \trianglelefteq C$ für alle

$A \in \mathfrak{C}$, d. h. $C \in \mathfrak{C}^{\vartriangle}$. Wenn $D \in \mathfrak{C}^{\vartriangle}$ ist, so auch $A \subseteq D$ für alle $A \in \mathfrak{C}$, also ist $C \subseteq D$. Gilt $x, y \in C$ und $x <_C y$, so ist $x \leqq_A y$ für ein gewisses $A \in \mathfrak{C}$ und folglich $x \leqq_D y$. Wenn $c \in C, d \in D \setminus C$ gilt, so ist $c \in A$ für ein gewisses $A \in \mathfrak{C}$, und damit ist $c <_D d$. Somit gilt $C \trianglelefteq D$ und insgesamt $C = \sup \mathfrak{C}$. Wir haben nachgewiesen, daß die teilweise geordnete Menge $\mathfrak{P}$ die Voraussetzung der Aussage (5) erfüllt. Daraus folgt, daß $\mathfrak{P}$ ein maximales Element Q enthält. Für $Q = \mathfrak{M}$ ist alles bewiesen. Im umgekehrten Fall wählen wir ein $q \notin Q$ und ordnen es hinter allen Elementen aus Q an. Man sieht sofort ein, daß die entstehende Wohlordnung $\bar{Q}$ Element der teilweise geordneten Menge $\mathfrak{P}$ ist. Dabei gilt jedoch $Q \vartriangleleft \bar{Q}$, was der Maximalität von Q widerspricht.

(2) $\Rightarrow$ (1). Wenn $\mathfrak{M}$ eine gewisse nichtleere Menge ist, kann man sie nach (2) als wohlgeordnet ansehen. Ist A eine nichtleere Teilmenge der Menge $\mathfrak{M}$, so braucht man nur das kleinste Element der Menge A mit $\varphi(A)$ zu bezeichnen, um sich von der Gültigkeit der Aussage (1) zu überzeugen.

Wir unterstreichen ausdrücklich, daß mit dem Satz 3 nur die Äquivalenz der darin formulierten Aussagen bewiesen wurde, nicht aber, daß eine dieser Aussagen richtig ist.

Das Auswahlaxiom ist im eigentlichen Sinne ein Axiom und kann nicht aus den übrigen Axiomen der Mengenlehre abgeleitet werden. In allen folgenden Darlegungen wird das Auswahlaxiom als richtig vorausgesetzt. Wir wollen noch bei einigen Tatsachen verweilen, deren Beweis die Anwendung dieses Axioms erfordert.

Eine Teilkette C' der Kette C wird *konfinal* genannt, wenn es für jedes $x \in C$ ein Element y aus C' gibt derart, daß $x \leqq y$ ist.

Satz 4. *Jede Kette enthält eine konfinale wohlgeordnete Teilmenge.*

Beweis. Sei $\mathfrak{P}$ die Menge aller wohlgeordneten Teilmengen einer gegebenen Kette C. Die Menge $\mathfrak{P}$ ist nicht leer, da sie alle einelementigen Teilmengen enthält. Für $A, B \in \mathfrak{P}$ definieren wir

$$A \trianglelefteq B \underset{\text{def}}{=} A \subseteq B \text{ und } b \in A^{\triangle} \text{ für jedes } b \in B \setminus A.$$

Man prüft leicht nach, daß die Relation $\trianglelefteq$ eine Ordnung ist. Wenn

$$\mathfrak{C}: A_1 \trianglelefteq \cdots \trianglelefteq A_\alpha \trianglelefteq \cdots$$

eine Kette in $\mathfrak{P}$ ist, so betrachten wir die Vereinigung $A = \bigcup A_\alpha$. Für jede Kette

$$a_1 \geqq a_2 \geqq \cdots$$

mit Elementen aus A ist $a_i \in A_\alpha$, wobei der Index α dadurch bestimmt ist, daß $a_1 \in A_\alpha$ ist. Nach dem Satz 1 bricht diese Kette ab, und eine erneute Anwendung von Satz 1 ergibt $A \in \mathfrak{P}$. Es ist klar, daß $A_\alpha \subseteq A$ ist für alle α. Gilt $x \in A \setminus A_\alpha$, so ist $x \in A_\beta \setminus A_\alpha$, wobei $A_\alpha \trianglelefteq A_\beta$, d. h. $x \in A_\alpha{}^{\triangle}$. Also ist $A_\alpha \trianglelefteq A$. Damit haben wir gezeigt, daß $A \in \mathfrak{C}^{\triangle}$ ist. Aus dem Lemma von KURATOWSKI-ZORN läßt sich daher die Existenz eines maximalen Elementes $C' \in \mathfrak{P}$ ableiten. Wir zeigen, daß C' die gesuchte konfinale Teilmenge ist. Dazu sei $x \in C$ und $x \in C'^{\triangle}$. Indem wir das Element x unmittelbar hinter allen Elementen der Menge C' einordnen, erhalten wir eine Wohlordnung $\overline{C}$. Dabei ist $C' \triangleleft \overline{C}$, was der Maximalität des Elementes C' widerspricht. Deshalb ist $x \notin C'^{\triangle}$, d. h. $x \leqq y$ für ein gewisses $y \in C'$.

Wir erinnern daran, daß das direkte Produkt von Mengen $\{P_\xi \mid \xi \in L\}$ eine Bezeichnung für die Menge aller Funktionen a war, die jeder Menge P_ξ ein Element $a_\xi \in P_\xi$ zuordneten. Die Existenz derartiger Funktionen ergibt sich aus der Anwendung des Auswahlaxioms auf die Vereinigung $\bigcup\limits_{\xi \in L} P_\xi$. Damit gilt der

Satz 5. *Das direkte Produkt eines Systems nichtleerer Mengen ist nicht leer.*

Betrachten wir nun das direkte Produkt $\overline{P}$ einer Familie $\{P_\xi \mid \xi \in L\}$ von teilweise geordneten Mengen. Die Menge L nehmen wir ebenfalls als teilweise geordnet an. Die Elemente der Menge $\overline{P}$ werden als Zeilen (a_α) dargestellt. Wir erklären auf P eine Relation $\lhd$ durch

$$(a_\xi) \lhd (b_\xi) \underset{\text{def}}{=} \begin{cases} \text{Wenn } a_\alpha \not\leqq b_\alpha \text{ für ein gewisses } \alpha \text{ gilt,} \\ \text{so ist } a_\beta < b_\beta \text{ für ein } \beta < \alpha. \end{cases}$$

Satz 6. *Wenn für die teilweise geordnete Menge L die Minimalbedingung gilt, dann ist die durch*

$$a \unlhd b \underset{\text{def}}{=} a = b \quad \text{oder} \quad a \lhd b$$

auf $\overline{P}$ erklärte Relation eine Ordnung.

Beweis. Die Reflexivität der Relation $\unlhd$ ist offensichtlich. Unmittelbar aus der Definition folgt der

Hilfssatz. *Wenn $(a_\xi) \unlhd (b_\xi)$ und μ ein minimales Element der Menge L ist, dann gilt $a_\mu \leqq b_\mu$.*

Gilt ferner $(a_\alpha) \unlhd (b_\alpha)$ und $(b_\alpha) \unlhd (a_\alpha)$, so folgt aus dem Hilfssatz $a_\mu = b_\mu$ für jedes minimale Element μ der Menge L. Nehmen wir an, daß die Gleichung $a_\beta = b_\beta$ für alle $\beta < \alpha$ richtig ist. Wenn $a_\alpha \neq b_\alpha$ ist, so gilt $a_\alpha \not\leqq b_\alpha$ oder $b_\alpha \not\leqq a_\alpha$. Unter Berücksichtigung der Ungleichungen $(a_\xi) \unlhd (b_\xi)$ und $(b_\xi) \unlhd (a_\xi)$ gelangen wir zu den Ungleichungen $a_\beta < b_\beta$ oder $b_\beta < a_\beta$ für ein gewisses $\beta < \alpha$. Das ist ein Widerspruch. Folglich ist $a_\alpha = b_\alpha$, und daraus ergibt sich nach Satz 1, daß $a_\xi = b_\xi$ ist für alle $\xi \in L$, d. h. $(a_\xi) = (b_\xi)$. Hiermit haben wir die Antisymmetrie der Relation $\unlhd$ bewiesen. Nehmen wir schließlich an, daß $(a_\xi) \unlhd (b_\xi)$ und $(b_\xi) \unlhd (c_\xi)$ ist. Gelten die Gleichungen $(a_\xi) = (b_\xi)$ oder $(b_\xi) = (c_\xi)$, so ist sofort klar, daß $(a_\xi) \unlhd (c_\xi)$ folgt. Wenn dagegen $(a_\xi) \lhd (b_\xi)$ und $(b_\xi) \lhd (c_\xi)$, zugleich aber $(a_\xi) \not\unlhd (c_\xi)$ ist, so existiert ein Index $\alpha \in L$, für den $a_\alpha \lneqq c_\alpha$ und $a_\beta \nless b_\beta$ für alle $\beta < \alpha$ ist. Wir setzen $\alpha_1 = \alpha$ und nehmen an, wir hätten Indizes

$$\alpha_1 > \alpha_2 > \cdots > \alpha_n$$

derart ausgewählt, daß für jedes α_i $(i = 1, \ldots, n)$ $a_{\alpha_i} \lneqq b_{\alpha_i}$ oder $b_{\alpha_i} \lneqq c_{\alpha_i}$ gilt. Wenn zum Beispiel $a_{\alpha_n} \lneqq b_{\alpha_n}$ gilt, muß für ein $\beta < \alpha_n$ die Ungleichung $a_\beta < b_\beta$ richtig sein. Nach der Wahl von α haben wir $b_\beta \lneqq c_\beta$, was uns erlaubt, $\alpha_{n+1} = \beta$ zu setzen. Auf diese Weise entsteht eine unendliche Folge

$$\alpha_1 > \alpha_2 > \cdots$$

von Elementen aus L, was aber dem Satz 1 widerspricht. Also muß $(\alpha_\xi) \trianglelefteq (c_\xi)$ sein, d. h., die Relation $\trianglelefteq$ ist transitiv.

Das mit der im Satz 6 beschriebenen Ordnung versehene direkte Produkt $\overline{P}$ heißt das *geordnete Produkt* der teilweise geordneten Mengen P_ξ. Wenn L eine trivial teilweise geordnete Menge ist, dann entsteht das direkte Produkt, wie es in § 1 beschrieben ist. Für den Fall einer wohlgeordneten Menge werden die geordneten Produkte *lexikographisch* genannt.

Satz 7 (Vergleichbarkeitssatz). *Für zwei Wohlordnungen P und P' gilt genau eine der folgenden Aussagen:*

(1) *P ist isomorph zu P';*
(2) *P ist einem Anfangsintervall der Menge P' isomorph;*
(3) *P' ist einem Anfangsintervall der Menge P isomorph.*

Beweis. Wir betrachten die Wohlordnung $\overline{P}$, die aus P dadurch entsteht, daß man ein neues Element Ω hinzufügt, das hinter allen Elementen aus P steht. Durch eine analoge Ergänzung von P' durch Ω' erhalten wir eine Wohlordnung $\overline{P}'$. Es ist klar, daß $P = [0, \Omega)$ und $P' = [0\ \Omega')$ ist.

Hilfssatz 1. *Wenn θ ein Isomorphismus einer Wohlordnung Q auf sich ist, dann ist $\theta(x) \geqq x$ für alle $x \in Q$.*

Wir untersuchen die Menge $S = \{s | s \in Q, \theta(s) < s\}$. Wenn der Hilfssatz falsch wäre, wäre S nicht leer. Für das kleinste Element a von S wäre dann $\theta(a) < a$, also würde $\theta(a) \notin S$ folgen. Daraus würde sich ergeben

$$\theta(\theta(a)) \leqq \theta(a) \leqq \theta(\theta(a)),$$

d. h. $\theta(a) = \theta(\theta(a))$, was aber wegen $a \neq \theta(a)$ der Umkehrbarkeit der Abbildung θ widerspricht.

Hilfssatz 2. *Eine Wohlordnung kann nicht zu einem ihrer Anfangsintervalle isomorph sein.*

Ist nämlich θ ein Isomorphismus einer Wohlordnung Q auf eines ihrer Anfangsintervalle $[0, a)$, so ist $\theta(a) < a$, im Widerspruch zu Hilfssatz 1.

Hilfssatz 3. *Sei Q eine Wohlordnung, $a \in Q$ und φ ein Isomorphismus der Menge Q auf ein Anfangsintervall $[0, b')$ einer Wohlordnung Q'. Wenn ψ ein Isomorphismus des Anfangsintervalls $[0, a)$ auf das Anfangsintervall $[0, a')$ der Menge Q' ist, dann ist $a' < b'$ und $\psi(x) = \varphi(x)$ für alle $x \in [0, a)$.*

Wenn $a' \geqq b'$ gilt, dann ist die Nacheinanderausführung der Abbildungen ψ^{-1} und φ ein Isomorphismus der Wohlordnung $[0, a')$ auf eines ihrer Anfangsintervalle, was nach Hilfssatz 2 unmöglich ist. Ist aber für ein $x < a$ $\varphi(x) \neq \psi(x)$, so bezeichne b das kleinste Element mit dieser Eigenschaft. Dann ist $\psi(b) = \varphi(c)$ mit $b < c$. Die Nacheinanderausführungen der Abbildungen φ und ψ^{-1} führt zu einem Isomorphismus des Intervalls $[0, c)$ auf das Intervall $[0, b)$, was im Widerspruch zu Hilfssatz 2 steht.

Beginnen wir nun mit dem Beweis des Satzes. Wir betrachten die Menge S aller transfiniten Zahlen σ der Menge $\bar{P}$ mit der Eigenschaft, daß das Intervall $[0, \sigma)$ keinen Isomorphismus auf ein Anfangsintervall der Menge $\bar{P}'$ zuläßt. Ist $\Omega \notin S$, so gilt die Aussage (1) oder (2). Wenn das nicht so ist, enthält die Menge S

ein kleinstes Element α. Es ist klar, daß $\alpha \neq 0$ ist. Existiert $\alpha - 1$, dann gibt es einen Isomorphismus φ des Intervalls $[0, \alpha - 1)$ auf das Intervall $[0, \beta')$ der Menge $\overline{P}'$. Ist $\beta' = \Omega'$, so gilt die Aussage (3).

Andernfalls existiert eine transfinite Zahl $\beta' + 1$. Indem wir

$$\overline{\varphi}(\xi) = \begin{cases} \varphi(\xi), & \text{für} \quad \xi < \alpha - 1\,; \\ \beta', & \text{für} \quad \xi = \alpha - 1\,; \end{cases}$$

setzen, erhalten wir einen Isomorphismus $\overline{\varphi}$ des Intervalls $[0, \alpha)$ auf das Intervall $[0, \beta' + 1)$, was der Wahl von α widerspricht.

Wenden wir uns nun dem Fall zu, daß α eine Limeszahl ist. Nach dem Satz 2 ist dann

$$[0, \alpha) = \bigcup_{\beta < \alpha} [0, \beta)\,. \tag{*}$$

Gemäß der Wahl von α gibt es zu jedem β einen Isomorphismus φ_β des Intervalls $[0, \beta)$ auf ein Intervall $[0, \beta')$ der Menge $\overline{P}'$. Wenn irgendein β' gleich Ω' ist, so gilt die Aussage (3). Im umgekehrten Fall existiert ein kleinstes Element $\alpha' \in \overline{P}'$, das alle Elemente β' übertrifft. Ist $\xi < \alpha$, so gibt es nach (*) ein $\beta < \alpha$ mit $\xi < \beta$. Wir setzen

$$\varphi(\xi) = \varphi_\beta(\xi)\,.$$

Ist $\xi < \gamma$ und gilt zum Beispiel $\gamma < \beta$, so ist nach dem Hilfssatz 3 $\gamma' < \beta'$ und $\varphi_\gamma(\xi) = \varphi_\beta(\xi)$. Infolgedessen ist φ eine eindeutige Abbildung des Intervalls $[0, \alpha)$ in das Intervall $[0, \alpha')$. Ohne Mühe weist man ferner nach, daß φ umkehrbar eindeutig und isoton ist. Für $\xi' \in [0, \alpha')$ ist $\xi' \leqq \beta'$ mit einem $\beta < \alpha$, und folglich gibt es ein $\xi < \beta$, so daß gilt

$$\xi' = \varphi_\beta(\xi) = \varphi(\xi)\,.$$

Damit haben wir gezeigt, daß φ ein Isomorphismus des Intervalls $[0, \alpha)$ auf das Intervall $[0, \alpha')$ ist, was der Wahl von α widerspricht. Insgesamt haben wir bewiesen, daß wenigstens einer der Fälle (1) bis (3) gilt.

Aus dem Hilfssatz 2 läßt sich leicht ableiten, daß die Aussage (1) weder mit der Aussage (2) noch mit der Aussage (3) vereinbar ist. Wenn die Aussagen (2) und (3) gleichzeitig gelten, so ergibt die Nacheinanderausführung der dort betrachteten Isomorphismen einen Isomorphismus der Menge P auf eines ihrer Anfangsintervalle, was ebenfalls dem Hilfssatz 2 widerspricht.

Satz 8 (Cantor-Bernstein). *Existieren je eine umkehrbar eindeutige Abbildung der Menge A in die Menge B und der Menge B in die Menge A, so existiert auch eine umkehrbar eindeutige Abbildung der Menge A auf die Menge B.*

Beweis. Die Nacheinanderausführung der im Satz genannten Abbildungen ergibt eine umkehrbar eindeutige Abbildung θ der Menge A in sich.

Sei φ die im Satz erwähnte Abbildung von B in A. Wir setzen $A_0 = A$ und $A_1 = \varphi(B)$. O.B.d.A. kann man annehmen, daß $A_1 \subsetneqq A_0$ ist. Wir setzen ferner $A_i = \theta(A_{i-2})$ $(i = 2, 3, \ldots)$ und $D = \bigcap_{i=1}^{\infty} A_i$. Dann ist klar, daß

$$A_0 \supset A_1 \supset A_2 \supset \cdots$$

$$A = D \cup [\bigcup_{i=0}^{\infty} (A_{2i} \setminus A_{2i+1})] \cup [\bigcup_{i=1}^{\infty} (A_{2i-1} \setminus A_{2i})]$$

$$A_1 = D \cup [\bigcup_{i=0}^{\infty} (A_{2i+2} \setminus A_{2i+3}]) \cup [\bigcup_{i=1}^{\infty} (A_{2i-1} \setminus A_{2i})]$$

gilt, wobei sich die Mengen, die in den beiden letzten Gleichungen vereinigt werden, paarweise nicht überschneiden. Weil $A_{2i} \setminus A_{2i+1}$ durch θ auf $A_{2i+2} \setminus A_{2i+3}$ abgebildet wird, kann man leicht eine umkehrbar eindeutige Abbildung ψ der Menge A auf die Menge A_1 konstruieren. Daher ergibt die Nacheinanderausführung der Abbildungen ψ und φ^{-1} die gesuchte Abbildung von A auf B.

Die Mengen A und B heißen *äquivalent*, wenn es eine umkehrbar eindeutige Abbildung der Menge A auf die Menge B gibt.

Satz 9 (Vergleichbarkeitssatz für Mengen). *Für zwei beliebige Mengen A und B gilt eine und nur eine der folgenden Aussagen:*

(1) *A ist zu B äquivalent;*

(2) *A ist zu einer Teilmenge von B äquivalent, während B zu keiner Teilmenge der Menge A äquivalent ist;*

(3) *B ist zu einer Teilmenge von A äquivalent, während A zu keiner Teilmenge der Menge B äquivalent ist.*

Beweis. Angesichts der Möglichkeit, daß die Mengen A und B wohlgeordnet werden können, folgt aus dem Satz 7 entweder die Gültigkeit einer der Aussagen (1) bis (3), oder aber die Voraussetzungen von Satz 8 sind erfüllt. Im letzten Fall gilt wieder die Aussage (1). Es ist offensichtlich, daß die Aussagen paarweise unvereinbar sind.

Der Satz 9 dient als Grundlage für den Aufbau einer Theorie der Mächtigkeiten von Mengen. Im Fall (1) sagt man, daß die Mengen A und B *gleichmächtig* sind, im Fall (2), daß die *Mächtigkeit* der Menge A kleiner ist als die Mächtigkeit der Menge B, und im Fall (3), daß die Mächtigkeit der Menge B kleiner ist als die Mächtigkeit der Menge A. Wir möchten besonders darauf hinweisen, daß damit der Begriff der Mächtigkeit selbst nicht definiert wird, sondern nur die Möglichkeit gegeben ist, Mengen nach ihren Mächtigkeiten zu vergleichen. Es läßt sich leicht zeigen, daß die Beziehung

die Mächtigkeit der Menge X ist kleiner als die Mächtigkeit der Menge Y

transitiv ist. Man prüft ebenso leicht nach, daß der Vergleich von Mächtigkeiten endlicher Mengen gleichbedeutend ist mit dem Vergleich der Element-Anzahlen dieser Mengen.

Abschließend konstruieren wir eine spezielle teilweise geordnete Menge, die in § 5 benötigt wird. Zu diesem Zweck betrachten wir eine Menge Q, die gleich der Vereinigung aller direkten Produkte von endlich vielen Exemplaren der Menge Z^+ der positiven ganzen Zahlen ist.

Die Elemente von Q lassen sich als die möglichen Zeilen

$$\mathfrak{m} = (m_1, \ldots, m_n)$$

mit $n \geqq 1$ und $m_i \in Z^+$ für alle i interpretieren. Der Übergang von der Zeile $\mathfrak{m}$ zu der Zeile

$$(m_1, \ldots, m_{i-1}, m_{i+1}, \ldots, m_n),$$

bzw. zu der Zeile

$$(m_1, \ldots, m_{i-1}, h_1, \ldots, h_j, m_{i+1}. \ldots, m_n)$$

mit $h_j < m_i$ $(j = 1, \ldots, r)$ heißt *Streichung* bzw. *Ersetzung* und allgemein *Reduktion*. Wir definieren auf Q eine Relation $\leqq$ wie folgt: Es sei $\mathfrak{m} \leqq \mathfrak{n}$, wenn $\mathfrak{m} = \mathfrak{n}$ ist oder wenn man von der Zeile $\mathfrak{n}$ durch endlich viele Reduktionen zur Zeile $\mathfrak{m}$ übergehen kann. Es leuchtet ein, daß $\leqq$ eine reflexive und transitive Relation ist. Zum Beweis ihrer Antisymmetrie betrachten wir das lexikographische Produkt S der teilweise geordneten Mengen $Z_1, Z_2, \ldots$, von denen jede die in natürlicher Weise geordnete Menge der positiven ganzen Zahlen ist. Nach Satz 6 ist S eine teilweise geordnete Menge. Eine Zeile $(z_1, z_2, \ldots)$ aus S heißt *singulär*, wenn für jedes i gilt $z_i \geqq z_{i+1}$.

Jeder Zeile $\mathfrak{m} \in Q$ ordnen wir eine singuläre Zeile $\theta(\mathfrak{m})$ zu, indem wir alle in $\mathfrak{m}$ vorkommenden Zahlen in eine nicht wachsende Folge umordnen und alle weiteren Stellen mit Nullen ausfüllen.

Kann man von der Zeile $\mathfrak{n}$ zur Zeile $\mathfrak{m}$ mit Hilfe einer einzigen Reduktion gelangen, so erhält man sowohl beim Streichen als auch beim Ersetzen $\theta(\mathfrak{m}) < \theta(\mathfrak{n})$. Daher folgt aus der Ungleichung $\mathfrak{m} \lneqq \mathfrak{n} \leqq \mathfrak{m}$ die falsche Ungleichung $\theta(\mathfrak{m}) < \theta(\mathfrak{n}) \leqq \theta(\mathfrak{m})$. Aus $\mathfrak{m} \leqq \mathfrak{n} \leqq \mathfrak{m}$ erhält man also die Gleichung $\mathfrak{m} = \mathfrak{n}$, d. h., Q ist eine teilweise geordnete Menge. Diese teilweise geordnete Menge erfüllt die Minimalbedingung. Nehmen wir an, das sei nicht der Fall, so existiert nach Satz 1 eine unendliche Kette

$$\mathfrak{m}_0 > \mathfrak{m}_1 > \mathfrak{m}_2 > \cdots$$

von Zeilen aus Q. O.B.d.A. kann man annehmen, daß der Übergang von $\mathfrak{m}_i$ zu $\mathfrak{m}_{i+1}$ durch eine einzige Reduktion vollzogen wird. Daher entsteht eine unendliche Kette

$$\theta(\mathfrak{m}_0) > \theta(\mathfrak{m}_1) > \theta(\mathfrak{m}_2) > \cdots.$$

Die Existenz einer solchen Kette ist aber offenbar unvereinbar mit der folgenden Aussage:

Die Menge aller singulären Zeilen erfüllt die Minimalbedingung.

Zum Beweis dieser Aussage betrachten wir eine nichtleere Menge A von singulären Zeilen. Unter diesen Zeilen wählen wir eine als $\mathfrak{a}_1$ aus, deren erste Koordinate am kleinsten ist und die außerdem das kürzeste Anfangsstück aus diesem kleinsten Element besitzt.

Es sei

$$\mathfrak{a}_1 = (\underbrace{k_1, k_1, \ldots, k_1}_{m_1}, l_1, \ldots$$

mit $l_1 > k_1$.

Wir nehmen an, wir hätten aus A eine Folge von Zeilen der Form

$$\mathfrak{a}_1 = (k_1, \ldots, k_1, \ldots)$$
$$\mathfrak{a}_2 = (k_1, \ldots, k_1, k_2, \ldots, k_2, \ldots)$$
$$\cdots\cdots\cdots\cdots\cdots\cdots\cdots\cdots\cdots\cdots$$
$$\mathfrak{a}_i = (k_1, \ldots, k_1, k_2, \ldots, k_2, \ldots, k_i, \ldots, k_i, \ldots)$$

ausgewählt, wobei $k_1 > k_2 > \cdots > k_i$ ist und unter allen Zeilen aus A der Form

$$(\underbrace{k_1, \ldots, k_1}_{m_1}, \underbrace{k_2, \ldots, k_2}_{m_2}, \ldots, \underbrace{k_{i-1}, \ldots, k_{i-1}}_{m_{i-1}}, \ldots)$$

hat die Zeile $\mathfrak{a}_j$ $(1 \leqq j \leqq i)$ die kleinste $\big((m_1 + m_2 + \cdots + m_{j-1}) + 1\big)$-te Koordinate, und diese wiederholt sich anschließend mit der kleinsten Anzahl. Auf der Grundlage dieser Auswahl muß für ein $\mathfrak{b} \in A$ mit $\mathfrak{b} < \mathfrak{a}_i$ gelten

$$\mathfrak{b} = (k_1, \ldots, k_1, \ldots, k_i, \ldots, k_i, l, \ldots),$$

wobei $l < k_i$ ist. Unter allen $\mathfrak{b} \in A$ dieser Form läßt sich dann ein Element $\mathfrak{a}_{i+1}$ mit den oben genannten Eigenschaften finden. Es ist einleuchtend, daß dieser Prozeß nicht unbegrenzt fortgesetzt werden kann, sondern nach endlich vielen Schritten das minimale Element der Menge A ergibt. Unsere Überlegungen können wir in dem folgenden Satz zusammenfassen.

Satz. *Durch die Relation $\leqq$ wird die Menge Q der endlichen Zeilen $(m_1, \ldots, m_n)$ von positiven ganzen Zahlen eine teilweise geordnete Menge, die die Minimalbedingung erfüllt.*

Übungen

1. Man formuliere und beweise den zu Satz 1 dualen Satz.

2. Jede endliche Menge genügt der Minimal- und der Maximalbedingung.

3. Man beweise, daß eine teilweise geordnete Menge mit Null und Eins, die die Minimal- und die Maximalbedingung erfüllt, eine Kompositionsreihe besitzt. Man konstruiere ein Beispiel dafür, daß die Umkehrung dieser Behauptung nicht gilt.

4. Ist C' eine konfinale Teilkette der Kette C und existiert sup C' oder sup C, so ist sup $C' =$ sup C.

5. Die geordnete Summe der Wohlordnungen $\{P_\alpha \mid \alpha \in L\}$ ist genau dann eine Wohlordnung, wenn L eine Wohlordnung ist.

6. Die geordnete Summe teilweise geordneter Mengen $\{P_\alpha \mid \alpha \in L\}$ erfüllt die Minimalbedingung genau dann, wenn L und alle P_α sie erfüllen.

7. Wenn der transfiniten Zahl α unendlich viele Elemente vorangehen, dann existiert eine transfinite Limeszahl $\alpha_0 \leqq \alpha$ derart, daß das Intervall $[\alpha_0, \alpha]$ nur endlich viele Elemente enthält.

8. Sind die Kette C und die zu ihr duale Kette Wohlordnungen, so ist C endlich.

9. Wenn eine Kette C keine Wohlordnung ist, so enthält sie eine zur Folge der natürlichen Zahlen duale Teilkette.

10. Wenn eine teilweise geordnete Menge weder unendliche Ketten noch trivial teilweise geordnete unendliche Teilmengen enthält, dann ist sie endlich.

11. Man beweise die Äquivalenz folgender Eigenschaften von teilweise geordneten Mengen P: a) P erfüllt die Minimalbedingung und enthält keine unendlichen trivial teilweise geordneten Teilmengen; b) keine unendliche Teilmenge der Menge P erfüllt die Maximalbedingung.

12. Man formuliere die zum Lemma von Kuratowski-Zorn duale Behauptung und beweise ihre Äquivalenz zum Auswahlaxiom.

13. Es ist zu beweisen, daß das Lemma von Kuratowski-Zorn zu der entsprechenden, für Wohlordnungen formulierten Aussage äquivalent ist.

14. Sei L ein nichtleeres System von Teilmengen einer Menge $\mathfrak{M}$ derart, daß für $A \subseteq \mathfrak{M}$ genau dann $A \in L$ gilt, wenn L alle endlichen Teilmengen von A enthält. Man beweise, daß in der teilweise geordneten Menge L maximale Elemente existieren.

15. Das geordnete Produkt teilweise geordneter Mengen P_α erfüllt dann und nur dann die Minimalbedingung, wenn alle P_α sie erfüllen.

16. Das lexikographische Produkt von Ketten ist eine Kette.

17. Das lexikographische Produkt von Wohlordnungen ist eine Wohlordnung.

18. Jede teilweise geordnete Menge läßt sich als Vereinigung zweier disjunkter Teilmengen darstellen, von denen die eine eine Wohlordnung ist und die andere kein kleinstes Element enthält.

19. Sei T' die Menge aller trivial teilweise geordneten Teilmengen einer teilweise geordneten Menge P. Für $X, Y \in T$ sei $X \trianglelefteq Y$, wenn es zu jedem $x \in X$ ein $y \in Y$ gibt, so daß $x \leqq y$ gilt. Man beweise, daß $\trianglelefteq$ eine Ordnung ist und daß die entstehende teilweise geordnete Menge T ein größtes Element enthält, wenn P die Voraussetzungen des Lemmas von KURATOWSKI-ZORN erfüllt.

20. Für zwei Mengen A und B gilt eine und nur eine der folgenden Aussagen: a) A ist zu B äquivalent; b) A läßt sich auf B abbilden, aber B nicht auf A; c) B läßt sich auf A abbilden, aber A nicht auf B.

21. Man beweise, daß der Fall b) aus der Aufgabe 20 genau dann eintritt, wenn die Mächtigkeit von B kleiner ist als die Mächtigkeit von A.

3. Vollständige Verbände

Eine teilweise geordnete Menge heißt ein *vollständiger Verband*, wenn zu jeder nichtleeren Teilmenge sowohl die obere als auch die untere Grenze existiert. Beispiele für vollständige Verbände sind das Intervall [0, 1] mit der üblichen Ordnung, die Menge aller Teilmengen einer gegebenen Menge, geordnet durch die Inklusion $\subseteq$, und jede endliche Kette. Es ist klar, daß jeder vollständige Verband Null und Eins enthält. Deshalb bilden zum Beispiel die ganzen Zahlen mit der üblichen Ordnung keinen vollständigen Verband.

Satz 1. *Enthält eine teilweise geordnete Menge P ein Einselement und existiert zu jeder nichtleeren Teilmenge die untere Grenze, dann ist P ein vollständiger Verband.*

Beweis. Sei A eine nichtleere Teilmenge der Menge P. Die Menge $A^{\triangle}$ enthält das Einselement. Daher existiert nach Voraussetzung $\inf A^{\triangle}$. Unter Anwendung von Satz 1.7 vergewissert man sich dann von der Existenz von $\sup A$, was zu zeigen war.

Aus dem Satz 1 folgt, daß auch die Menge aller Untergruppen einer gegebenen Gruppe, die Menge aller abgeschlossenen Teilmengen eines topologischen Raumes, jede Wohlordnung mit größtem Element u. a. vollständige Verbände sind.

Satz 2 (Fixpunktsatz). *Ist φ eine isotone Abbildung eines vollständigen Verbandes P in sich, so existiert ein $a \in P$ mit $\varphi(a) = a$.*

Beweis. Bezeichne S die Menge aller Elemente s aus P, für die $s \leqq \varphi(s)$ ist. Dann ist S nicht leer, da die wegen der Vollständigkeit von P existierende Null zu S gehört. Folglich existiert $a = \sup S$. Für jedes $s \in S$ gilt ferner $\varphi(a) \geqq \varphi(s) \geqq s$, woraus $\varphi(a) \geqq a$ folgt. Wegen der Isotonie von φ ist $\varphi(\varphi(a)) \geqq \varphi(a)$, d. h. aber, $\varphi(a)$ gehört zu S, und es ist $a \geqq \varphi(a)$. Damit gilt $a \geqq \varphi(a) \geqq a$, oder $\varphi(a) = a$.

Der Satz 2 läßt sich nicht umkehren: Die auf der Abb. 2 dargestellte dreielementige teilweise geordnete Menge ist kein vollständiger Verband; trotzdem besitzt jede isotone Abbildung dieser Menge in sich offenbar einen Fixpunkt.

Es gilt aber der

Satz 3 (Kogalowskij). *Wenn jede isotone Abbildung einer teilweise geordneten Menge P in sich einen Fixpunkt besitzt, dann ist jede maximale Kette aus P ein vollständiger Verband.*

Beweis. Sei P eine teilweise geordnete Menge, die die Voraussetzung des Satzes erfüllt. Dann gilt der

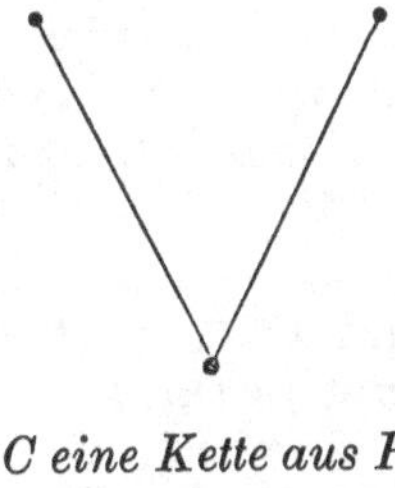

Abb. 2

Hilfssatz 1. *Ist C eine Kette aus P, so sind $C^{\triangle}$ und $C^{\triangledown}$ nichtleere Mengen.*

Dazu erinnern wir an den Satz 2.4, wonach die Kette C eine konfinale wohlgeordnete Teilmenge W enthält.

Sei $x \in P$. Wenn $W \subseteq x^\triangledown$ ist, so gilt für jedes $c \in C$ und jedes geeignete $w \in W$

$$c \leqq w \leqq x,$$

d. h. $x \in C^\vartriangle$. Im umgekehrten Fall ist für jedes $x \in P$ die Menge $W \setminus x^\triangledown$ nicht leer. Wir bezeichnen mit $\varphi(x)$ das kleinste Element dieser Menge. Für $x, y \in P$ mit $x \leqq y$ gilt $x^\triangledown \subseteq y^\triangledown$; daher ist

$$W \setminus x^\triangledown \supseteq W \setminus y^\triangledown$$

und folglich $\varphi(x) \leqq \varphi(y)$. Das bedeutet, daß φ eine isotone Abbildung ist. Weil $x \in x^\triangledown$, aber $\varphi(x) \notin x^\triangledown$ für alle $x \in P$ gilt, hat φ im Widerspruch zur Voraussetzung keinen Fixpunkt. Die zweite Behauptung ergibt sich aus der Betrachtung einer zu P dualen teilweise geordneten Menge.

Zum Beweis von Satz 3 betrachten wir eine maximale Kette C. Nach dem Hilfssatz 1 enthält sie ein kleinstes und ein größtes Element, da man aus der Maximalität leicht auf $C^\vartriangle \subseteq C$, $C^\triangledown \subseteq C$ schließt. Wenn C kein vollständiger Verband ist, so enthält C nach dem Satz 1 eine nichtleere Teilmenge V, zu der $\inf_C V$ nicht existiert. Sei $U = C \cap V^\triangledown$. Sicher gehört das kleinste Element der Kette C zu U, d. h., die Kette U ist nicht leer. Wir bezeichnen mit V^* die zu V duale Kette. Als Element der Kette V^* bezeichnen wir das Element $v \in V$ mit v^*. In analoger Bedeutung verwenden wir die Bezeichnung x^{**} für ein Element $x^* \in V^*$. Nach dem Satz 2.4 enthalten die Ketten U und V^* konfinale wohlgeordnete Teilmengen S bzw. T^*.

Hilfssatz 2. *Für $x \in P$ und $S \subseteq x^\triangledown$ ist $T^* \nsubseteq (x^\vartriangle)^*$.*

Wenn $S \subseteq x^\triangledown$ und $T^* \subseteq (x^\vartriangle)^*$ gilt, so ist $T^{**} \subseteq x^\vartriangle$. Zu jedem $v \in V$ gibt es ein $t^* \in T^*$, so daß $t^* \geqq v^*$ und daher $v \geqq t^{**} \geqq x$ ist. Gilt $z \in C$ und $z \leqq v$ für alle $v \in V$, so ist $z \in U$. Für ein geeignetes $s \in S$ ergibt sich dann $z \leqq s \leqq x$. Damit ist $x = \inf_C V$, was der Wahl der Menge V widerspricht.

Wir kehren zum Beweis des Satzes zurück. Für $x \in P$ setzen wir

$$\varphi(x) = \begin{cases} \inf_S (S \setminus x^\nabla), & \text{für } S \not\subseteq x^\nabla; \\ \left[\inf_{T^*} \left(T^* \setminus (x^\Delta)^*\right)\right]^*, & \text{für } S \subseteq x^\nabla. \end{cases}$$

Nach dem Hilfssatz 2 ist φ eine Abbildung der Menge P in sich. Für $x, y \in P$ mit $x \leqq y$ gilt $S \not\subseteq x^\nabla$, $S \not\subseteq y^\nabla$ oder $S \not\subseteq x^\nabla$, $S \subseteq y^\nabla$ oder $S \subseteq x^\nabla$. Unter Berücksichtigung der Inklusion $x^\nabla \subseteq y^\nabla$ erhalten wir im ersten Fall

$$\varphi(x) = \inf_S (S \setminus x^\nabla) \leqq \inf_S (S \setminus y^\nabla) = \varphi(y).$$

Im zweiten Fall gilt

$$\varphi(x) = \inf_S (S \setminus x^\nabla) \in S \subseteq U \subseteq V^\nabla$$

und

$$\varphi(y) = \left(\inf_{T^*} (T^* \setminus (y^\Delta)^*)\right)^* \in T^{**} \subseteq V,$$

woraus ebenfalls

$$\varphi(x) \leqq \varphi(y)$$

folgt.

Im dritten Fall berücksichtigen wir die Beziehung $x^\Delta \supseteq y^\Delta$ und folgern

$$p^* = \inf_{T^*} \left(T^* \setminus (x^\Delta)^*\right) \geqq \inf_{T^*} \left(T^* \setminus (y^\Delta)^*\right) = q^*,$$

woraus sich durch Übergang zum Dualen

$$\varphi(x) = p^{**} \leqq q^{**} = \varphi(y)$$

ergibt. Damit ist die Isotonie der Abbildung φ bewiesen. Nach Voraussetzung gilt für ein $a \in P$ die Gleichung $a = \varphi(a)$. Gilt $S \not\subseteq a^\nabla$, so auch

$$a = \varphi(a) = \inf_S (S \setminus a^\nabla) \in S \setminus a^\nabla.$$

Wenn aber $S \subseteq a^\nabla$ ist, so folgt

$$a = \varphi(a) = \left(\inf_{T^*} (T^* \setminus (a^\Delta)^*)\right)^* \in T^{**} \setminus a^\Delta.$$

Im ersten Fall erhalten wir $a \notin a^{\nabla}$, im zweiten $a \notin a^{\Delta}$. Beides ist jedoch unmöglich.

Eine isotone Abbildung φ einer teilweise geordneten Menge P in sich heißt ein *Hüllenoperator*, wenn für alle $x \in P$ gilt: $\varphi(x) \geqq x$ und $\varphi(\varphi(x)) = \varphi(x)$. Es gibt sehr viele Beispiele für Hüllenoperatoren, wie etwa in dem vollständigen Verband der Teilräume eines topologischen Raumes diejenige Abbildung, die jedem Teilraum seine abgeschlossene Hülle zuordnet, ein Hüllenoperator ist. Ordnet man jedem Element des vollständigen Verbandes $\mathfrak{P}(\boldsymbol{L})$ aller Teilmengen eines linearen Raumes $\boldsymbol{L}$ über einem Körper seine lineare Hülle zu, so erhält man ebenfalls einen Hüllenoperator. In einer teilweise geordneten Menge P mit Einselement 1 entsteht durch die Abbildung $\varphi(x) = 1$ für alle $x \in P$ ein Hüllenoperator.

Wenn φ ein Hüllenoperator ist, so wird $\varphi(x)$ als die *φ-Abschließung* des Elementes x bezeichnet. Ein Element, das mit seiner φ-Abschließung übereinstimmt, heißt *φ-abgeschlossen*. In den oben betrachteten Beispielen sind die abgeschlossenen Teilräume bzw. die linearen Teilräume bzw. das Element 1 die φ-abgeschlossenen Elemente.

Satz 4. *Wenn φ ein Hüllenoperator auf einer teilweise geordneten Menge P ist, die Teilmenge $A \subseteq P$ aus φ-abgeschlossenen Elementen besteht und* $\inf A = a$ *existiert, dann ist a ein φ-abgeschlossenes Element.*

Beweis. Weil $a \leqq x$ für alle $x \in A$ ist, folgt $\varphi(a) \leqq \varphi(x) = x$ für alle $x \in A$. Wegen $a = \inf A$ gilt daher $\varphi(a) \leqq a$. Die umgekehrte Ungleichung folgt aus der Definition des Hüllenoperators φ.

Satz 5. *Ist φ ein Hüllenoperator auf einem vollständigen Verband P, so ist die teilweise geordnete Menge L aller φ-abgeschlossenen Elemente als Teilmenge der teilweise geordneten Menge P ebenfalls ein vollständiger Verband. Außerdem gilt für jede nichtleere Teilmenge A der Menge L*

$$\inf_L A = \inf_P A$$

und

$$\sup_L A = \varphi(\sup_P A).$$

Beweis. Bezeichne 1 das Einselement des vollständigen Verbandes P. Wegen $\varphi(1) \geqq 1 \geqq \varphi(1)$ gehört 1 zu L und ist in L offenbar auch Einselement in bezug auf die induzierte teilweise Ordnung. Ist ferner A eine nichtleere Teilmenge von L, dann ist das Element $a = \inf_P A$ nach Satz 4 φ-abgeschlossen. Für alle $x \in A$ gilt sicher $a \leqq x$. Ist $v \in L$ und gilt für alle $x \in A$ $v \leqq x$, so ist $v \leqq a$. Also ist $a = \inf_L A$. Unter Verwendung von Satz 1 schließt man daraus, daß L ein vollständiger Verband ist. Sei ferner $b = \sup_P A$ und $\bar{b} = \sup_L A$. Sicher ist $\bar{b} \in L$ und $\bar{b} \geqq b$ wegen $\bar{b} \geqq x$ für alle $x \in A$. Damit ist $\bar{b} = \varphi(\bar{b}) \geqq \varphi(b)$. Andererseits folgt $\bar{b} \leqq \varphi(b)$, da $\varphi(b) \geqq \varphi(x) = x$ ist für alle $x \in A$. Also ist $\bar{b} = \varphi(b)$, was zu zeigen war.

Satz 6. *Sei M eine teilweise geordnete Menge und $P = \mathfrak{P}(M)$, dann ist die Abbildung*

$$\varphi(A) \underset{\text{def}}{=} A^{\triangle\triangledown}$$

ein Hüllenoperator auf dem vollständigen Verband P.

Beweis. Die Isotonie der Abbildung φ folgt sofort aus der Eigenschaft (i) in Satz 1.6. Dieser Satz besagt auch, daß $A \subseteq A^{\triangle\triangledown}$ ist. Die Gleichung $A^{\triangle\triangledown\triangle\triangledown} = A^{\triangle\triangledown}$ folgt schließlich aus der Eigenschaft (iii) des gleichen Satzes.

Man kann zeigen, daß eine beliebige teilweise geordnete Menge in einen vollständigen Verband eingebettet werden kann.

Satz 7. *Sei M eine beliebige teilweise geordnete Menge, $P = \mathfrak{P}(M)$ und $L = \{A / A \in \mathfrak{P}(M)$ und $A^{\triangle\triangledown} = A\}$. Dann ist L ein vollständiger Verband, und es existiert eine Abbildung θ der Menge M in die Menge L mit folgenden Eigenschaften:*

(i) *θ ist ein Isomorphismus der teilweise geordneten Menge M auf eine Teilmenge der teilweise geordneten Menge L;*

(ii) *ist* $A \subseteq M$ *und existiert* $\inf_M A$, *so gilt*

$$\theta(\inf_M A) = \inf_L \theta(A);$$

(iii) *ist* $A \subseteq M$ *und existiert* $\sup_M A$, *so gilt*

$$\theta(\sup_M A) = \sup_L \theta(A);$$

(iv) *ist* $Z \in L$ *und* $Z \neq \varnothing$, $Z \neq M$, *dann existieren Teilmengen* A *und* B *der Menge* M, *so daß gilt* $Z = \sup_L \theta(A) = \inf_L \theta(B)$.[1])

Beweis. Nach dem Satz 6 ist $\triangle\triangledown$ ein Hüllenoperator auf dem vollständigen Verband P; dabei ist die Menge L als Menge aller $\triangle\triangledown$-abgeschlossenen Elemente des vollständigen Verbandes P ebenfalls ein vollständiger Verband. Für ein Element x aus M setzen wir $\theta(x) = x^{\triangle\triangledown}$[2]) und überzeugen uns der Reihe nach von der Gültigkeit der Eigenschaften (i)—(iv). Die entsprechenden Überlegungen sind in mehreren Hilfssätzen zusammengefaßt. Dabei muß man sich vergegenwärtigen, daß die Ordnung im Verband L mit der Inklusion $\subseteq$ übereinstimmt.

Hilfssatz 1. *Für jedes* $v \in M$ *gilt* $t \in v^{\triangle\triangledown}$ *dann und nur dann, wenn* $t \leqq v$ *ist.*

Wenn $t \leqq v$ ist, gilt für jedes $x \in v^{\triangle}$ $t \leqq v \leqq x$ oder, was gleichbedeutend ist, $t \in v^{\triangle\triangledown}$. Umgekehrt folgt aus $t \in v^{\triangle\triangledown}$ die Ungleichung $t \leqq x$ für alle $x \in v^{\triangle}$, insbesondere $t \leqq v$, da $v \in v^{\triangle}$.

Hilfssatz 2. *Für beliebige* $x, y \in M$ *gilt* $x \leqq y$ *dann und nur dann, wenn* $\theta(x) \leqq \theta(y)$.

Nach dem Hilfssatz 1 folgt aus $x \leqq y$, daß $x \in y^{\triangle\triangledown}$ bzw. $\{x\} \subseteq y^{\triangle\triangledown}$ ist. Dann gilt aber $x^{\triangle\triangledown} \subseteq y^{\triangle\triangledown}$, d. h. $\theta(x) \subseteq \theta(y)$. Wenn dagegen $\theta(x) \subseteq \theta(y)$ ist, so erhalten wir ebenfalls unter Bezug auf den Hilfssatz 1 $x \in x^{\triangle\triangledown}$

---

1) Die Einschränkung $Z \neq \varnothing$ und $Z \neq M$ kann man entbehren, wenn man verabredet, daß $\sup_L \theta(\varnothing) = \varnothing$ und $\inf_L \theta(\varnothing) = M$ ist.

2) Vgl. die Fußnote auf S. 13. (Anm. d. Red.)

$\subseteq y^{\Delta\nabla}$. Erneute Anwendung dieses Hilfssatzes ergibt schließlich $x \leqq y$.

Hilfssatz 3. *θ ist ein Isomorphismus.*

In der Tat folgt aus $\theta(x) = \theta(y)$ nach dem Hilfssatz 2 $x \geqq y \geqq x$, d. h. $x = y$. Somit ist die Abbildung θ umkehrbar eindeutig. Daß sie die Ordnung erhält, wurde ebenfalls in dem Hilfssatz 2 nachgewiesen.

Hilfssatz 4. *Wenn $a = \inf_M A$ ist, so gilt*

$$\theta(a) = \inf_L \theta(A).$$

Auf der Grundlage von Satz 5 genügt es zu beweisen, daß $a^{\Delta\nabla} = \bigcap_{x\in A} x^{\Delta\nabla}$ gilt. Nach dem Hilfssatz 1 folgt aber aus $t \in a^{\Delta\nabla}$ die Ungleichung $t \leqq a$, und daher gilt $t \leqq x$ für alle $x \in A$. Abermals nach dem Hilfssatz 1 ist $t \in x^{\Delta\nabla}$ für alle $x \in A$, d. h. $t \in \bigcap_{x\in A} x^{\Delta\nabla}$ oder $a^{\Delta\nabla} \subseteq \bigcap_{x\in A} x^{\Delta\nabla}$. Alle Schlußfolgerungen sind umkehrbar, wodurch die umgekehrte Inklusion bewiesen wird.

Hilfssatz 5. *Wenn $a = \sup_M A$ ist, so gilt $v \geqq a$ dann und nur dann, wenn $v \in \left(\bigcup_{x\in A} x^{\Delta\nabla}\right)^{\Delta}$.*

Dazu sei $v \geqq a$. Dann ist $v \geqq x$ für alle $x \in A$, also auch unter Berücksichtigung von Satz 1.6 $v \in x^{\Delta} = (x^{\Delta\nabla})^{\Delta}$. Da diese Beziehung für alle $x \in A$ besteht, ist $v \in \left(\bigcup_{x\in A} x^{\Delta\nabla}\right)^{\Delta}$. Mit denselben Argumenten nur in umgekehrter Reihenfolge zeigt man, daß $v \in \left(\bigcup_{x\in A} x^{\Delta\nabla}\right)^{\Delta}$ die Ungleichung $v \geqq x$ impliziert.

Hilfssatz 6. *Ist $a = \sup_M A$, so gilt $\theta(a) = \sup_L \theta(A)$.* Aus dem Hilfssatz 5 folgt, daß $a^{\Delta} = \left(\bigcup_{x\in A} x^{\Delta\nabla}\right)^{\Delta}$ ist, woraus nach Satz 5

$$\theta(a) = a^{\Delta\nabla} = \left(\bigcup_{x\in A} x^{\Delta\nabla}\right)^{\Delta\nabla} = \sup_L \theta(A)$$

abgeleitet werden kann.

Hilfssatz 7. *Sei* $A \neq \varnothing$, $A \subseteq M$. *Dann gilt*

$$A^{\triangle\triangledown} = \sup_L \theta(A^{\triangle\triangledown}) = \inf_L \theta(A^{\triangle}).$$

Zum Beweis bemerken wir zunächst, daß sich aus dem Satz 1.6 die Beziehung

$$\bigcup_{x \in A^{\triangle\triangledown}} x^{\triangle\triangledown} \subseteq A^{\triangle\triangledown\triangle\triangledown} = A^{\triangle\triangledown} \subseteq \bigcup_{x \in A^{\triangle\triangledown}} x^{\triangle\triangledown}$$

ergibt. Folglich ist $A^{\triangle\triangledown} = \bigcup_{x \in A^{\triangle\triangledown}} x^{\triangle\triangledown}$, und nach den Sätzen 5 und 1.6 gilt

$$\sup_L \theta(A^{\triangle\triangledown}) = \Big(\bigcup_{x \in A^{\triangle\triangledown}} x^{\triangle\triangledown}\Big)^{\triangle\triangledown} = A^{\triangle\triangledown\triangle\triangledown} = A^{\triangle\triangledown}.$$

Wenn ferner $t \in \bigcap_{x \in A^{\triangle}} x^{\triangle\triangledown}$ ist, so ist nach dem Hilfssatz 1 $t \leqq x$ für alle $x \in A^{\triangle}$, d. h. $t \in A^{\triangle\triangledown}$. Andererseits folgt aus $t \in A^{\triangle\triangledown}$ auch $t \leqq x$ für alle $x \in A^{\triangle}$ und $t \in \bigcap_{x \in A^{\triangle}} x^{\triangle\triangledown}$ ebenfalls nach dem Hilfssatz 1. Aus dem Satz 5 erhalten wir

$$\inf_L \theta(A^{\triangle}) = \bigcap_{x \in A^{\triangle}} x^{\triangle\triangledown} = A^{\triangle\triangledown}.$$

Damit ist der Beweis von Satz 7 beendet.

Die im Satz 7 beschriebene Vervollständigung einer teilweise geordneten Menge ist eine Verallgemeinerung der bekannten Konstruktion der reellen Zahlen als Schnittelemente im Bereich der rationalen Zahlen. Sie wird auch als *Vervollständigung durch Schnitte* bezeichnet (vgl. die Übung 11). Sie ist in gewissem Sinne unter allen Vervollständigungen einer gegebenen teilweise geordneten Menge die kleinste:

Satz 8. *Seien* M, L *und* θ *wie in Satz* 7 *gewählt. Wenn* φ *ein Isomorphismus der teilweise geordneten Menge* M *in einen vollständigen Verband* S *ist, so existiert ein Isomorphismus* ψ *der teilweise geordneten Menge* L *in den vollständigen Verband S, so daß für alle* $x \in M$ *gilt* $\psi(\theta(x)) = \varphi(x)$.

Beweis. Wir erinnern daran, daß der vollständige Verband L gerade aus den $\triangle\nabla$-abgeschlossenen Elementen des vollständigen Verbandes $P = \mathfrak{P}(M)$ besteht, also insbesondere aus Teilmengen der Menge M. Daher kann man für alle $X \in L$

$$\psi(X) \underset{\text{def}}{=} \sup_S \varphi(X)$$

erklären. Da die Ordnungsrelation $X \leqq Y$ in L durch die Inklusion $X \subseteq Y$ gegeben wird, ergibt sich aus $X \leqq Y$ unmittelbar $\psi(X) \leqq \psi(Y)$. Wenn aber $\psi(X) = \psi(Y)$ für gewisse $X, Y \in L$ gilt, erhalten wir für jedes $z \in Y^{\triangle}$ die Beziehung $\varphi(z) \geqq \sup_S \varphi(Y) = \psi(Y)$. Daher gilt für jedes $x \in X$

$$\varphi(x) \leqq \psi(X) = \psi(Y) \leqq \varphi(z).$$

Aus dieser Beziehung folgt $x \leqq z$ für alle $z \in Y^{\triangle}$, d. h. $x \in Y^{\triangle\nabla} = Y$. Also ist $X \subseteq Y$. Analog beweist man die umgekehrte Inklusion und erhält, daß ψ ein Isomorphismus der teilweise geordneten Menge L in den vollständigen Verband S ist. Eine direkte Folgerung aus der Definition von ψ ist die Gleichung

$$\psi\theta(x) = \sup_S \varphi(x^{\triangle\nabla})$$

für jedes $x \in M$. Ferner folgt nach dem Hilfssatz 1 aus dem Beweis von Satz 7 aus $y \in x^{\triangle\nabla}$ die Beziehung $y \leqq x$ und somit auch $\varphi(y) \leqq \varphi(x)$ für jedes $y \in x^{\triangle\nabla}$, d. h.

$$\psi\theta(x) = \sup_S \varphi(x^{\triangle\nabla}) \leqq \varphi(x).$$

Aus dem soeben erwähnten Hilfssatz 1 erhält man auch, daß $x \in x^{\triangle\nabla}$, also

$$\varphi(x) \leqq \sup_S \varphi(x^{\triangle\nabla}) = \psi\theta(x)$$

gilt. Aus den beiden zuletzt bewiesenen Ungleichungen ergibt sich $\varphi(x) = \psi(\theta(x))$, womit der Beweis des Satzes erbracht ist.

Es soll noch einmal besonders betont werden, daß ψ ein Isomorphismus der teilweise geordneten Menge L, nicht des vollständigen Verbandes L ist, d. h. zum Beispiel, aus $a = \sup_L A$ folgt im allgemeinen nicht $\psi(a) = \sup_S \psi(A)$.

Satz 9. *Seien M, L und θ wie in Satz 7 gewählt. S sei ein vollständiger Verband, der M als teilweise geordnete Teilmenge enthält* (d. h., die Ordnung in M wird durch die Ordnung von S induziert). *Es existiert genau dann ein Isomorphismus ψ des vollständigen Verbandes L auf den vollständigen Verband S derart, daß $\psi(\theta(x)) = x$ für alle $x \in M$ gilt, wenn S folgende Eigenschaften besitzt:*

(i) *Zu jedem $s \in S$, $s \neq 0$, existiert eine Teilmenge A der Menge M, so daß $s = \sup_S A$ gilt.*
(ii) *Zu jedem $s \in S$, $s \neq 1$, existiert eine Teilmenge B der Menge M, so daß $s = \inf_S B$ gilt.*

Beweis. Die Notwendigkeit der angegebenen Eigenschaften ergibt sich aus dem Satz 7. Wenn andererseits der vollständige Verband S diese Eigenschaften besitzt, so bezeichnen wir mit φ die natürliche (identische) Einbettung von M in S und betrachten den Isomorphismus ψ der teilweise geordneten Menge L in den vollständigen Verband S, der nach dem Satz 8 existiert. Für jedes $s \in S$, das von 0 und 1 verschieden ist, folgt aus den Eigenschaften (i) und (ii), daß es Teilmengen A und B von M gibt derart, daß

$$s = \sup_S A = \inf_S B$$

gilt. Für B gilt sicher $B \subseteq A^\triangle$. Dann folgt aber aus den Sätzen 8, 1.5 und 1.7

$$\begin{aligned} s &= \sup_S \psi(\theta(A)) \leqq \psi\left(\sup_L \theta(A)\right) = \psi\left(\theta\left(\sup_M A\right)\right) \\ &= \psi\left(\theta\left(\inf_M A^\triangle\right)\right) \leqq \psi\left(\theta\left(\inf_M (B)\right)\right) \\ &= \psi\left(\inf_L \theta(B)\right) \leqq \inf_S \psi\left(\theta(B)\right) = s. \end{aligned}$$

Damit ist $s = \psi\left(\sup_L(\theta(A))\right)$, d. h., alle von 0 und 1 verschiedenen Elemente des vollständigen Verbandes S gehören zu $\psi(L)$. Weil nach Satz 1.5 außerdem für jedes derartige s

$$\psi(0) = \psi(\inf_L L) \leqq \inf_S\left(\psi(L)\right) \leqq s$$
$$\leqq \sup_S\left(\psi(L)\right) \leqq \psi(\sup_L L) = \psi(1)$$

gilt, ist $\psi(0) = 0$ und $\psi(1) = 1$. Folglich bildet ψ den vollständigen Verband L auf S ab.

Man kann die Einschränkungen $s \neq 0$ und $s \neq 1$ in den Aussagen (i) bzw. (ii) des Satzes 9 entbehren, wenn man verabredet, daß $\sup \varnothing = 0$ und $\inf \varnothing = 1$ gelten soll.

Sei $\mathfrak{M}$ eine nichtleere Menge. Mit Ξ bezeichnen wir die Menge aller Äquivalenzen auf $\mathfrak{M}$. Wenn ϱ und σ zwei Äquivalenzen aus Ξ sind, definieren wir

$$\varrho \leqq \sigma \underset{\text{def}}{=} \text{Wenn } x\varrho y, \text{ so } x\sigma y.$$

Man verifiziert ohne Schwierigkeiten, daß die Relation $\leqq$ reflexiv, antisymmetrisch und transitiv ist. Durch ihre Einführung wird Ξ zu einer teilweise geordneten Menge.

Satz 10. *Ξ ist ein vollständiger Verband.*

Beweis. Wenn R eine nichtleere Teilmenge der Menge Ξ ist, erklären wir auf $\mathfrak{M}$ eine Relation θ durch

$$x\theta y \underset{\text{def}}{=} x\varrho y \quad \text{für alle} \quad \varrho \in R.$$

Man prüft ohne Mühe nach, daß θ eine Äquivalenz ist. Speziell gilt $\theta \leqq \varrho$ für alle $\varrho \in R$. Wenn für eine andere Äquivalenz σ ebenfalls $\sigma \leqq \varrho$ für alle $\varrho \in R$ gilt, so folgt aus $x\sigma y$ für alle $\varrho \in R$ die Relation $x\varrho y$, und das ist nach der Definition gleichbedeutend mit $x\theta y$. Also gilt $\sigma \leqq \theta$, d. h. $\theta = \inf R$. Man sieht sofort, daß die Äquivalenz $I = \mathfrak{M} \times \mathfrak{M}$ das größte Element der teilweise geordneten Menge Ξ ist.[1]) Nun braucht man nur noch den Satz 1 anzuwenden.

Als eine erste Anwendung von Satz 10 beweisen wir den

Satz 11. *Jede teilweise geordnete Menge ist die Ordinalsumme ihrer ordinal unzerlegbaren Teilmengen.*

Beweis. Wenn eine teilweise geordnete Menge P als Ordinalsumme einiger ihrer Teilmengen P_α, $\alpha \in L$, darstellbar ist, so bildet dieses Teilmengensystem $\{P_\alpha \mid \alpha \in L\}$ eine Zerlegung von P. Nach dem Satz 1.2 entspricht dieser Zerlegung eine Äquivalenz ϱ in P. Die auf diese Weise erhaltene Äquivalenz ϱ besitzt folgende Eigenschaften:

(i) wenn $x\varrho y$, $u\varrho v$, $x\not\varrho u$ und $x \leqq u$, so $y \leqq v$;
(ii) wenn $x\not\varrho y$ ist, so sind x und y vergleichbar.

Sei R die Gesamtheit aller Äquivalenzen auf der Menge P, die die Eigenschaften (i) und (ii) besitzen. Auf Grund von Satz 10 existiert die Äquivalenz $\theta = \inf R$. Wenn $x\theta y$, $u\theta v$, $x\theta u$ und $x \leqq u$ gilt, so gibt es ein $\varrho \in R$ mit $x\varrho y$, $u\varrho v$ und $x\not\varrho u$, woraus sich $y \leqq v$ ergibt. Wenn $x\not\theta y$ ist, so gibt es ein $\varrho \in R$ mit $x\not\varrho y$, und folglich sind x und y vergleichbar. Also besitzt die Äquivalenz θ auch die Eigenschaften (i) und (ii). Sei $\{Q_\alpha \mid \alpha \in T\}$ die Zerlegung der Menge P, die der Äquivalenz θ nach dem Satz 1.1 zugeordnet ist. Für zwei Elemente $\alpha, \beta \in T$ definieren wir

$$\alpha \trianglelefteq \beta \underset{\text{def}}{=} \alpha = \beta, \text{ oder es existiert ein } x \in Q_\alpha \text{ und ein } y \in Q_\beta \text{ mit } x \leqq y.$$

Man erkennt sofort, daß die Relation $\trianglelefteq$ reflexiv ist. Wir nehmen an, es gilt $\alpha \trianglelefteq \beta$, $\beta \trianglelefteq \alpha$ und $\alpha \neq \beta$; dann existieren Elemente $x, y \in Q_\alpha$ und $u, v \in Q_\beta$ mit $x \leqq u$

[1]) Damit ist auch die Bezeichnung der Relation $\mathfrak{M} \times \mathfrak{M}$ als Einsrelation gerechtfertigt. (Anm. d. Red.)

und $v \leqq y$. Nach der Eigenschaft (i) folgt daraus aber $u \leqq x$ und somit $x = u$, im Widerspruch zu $\alpha \neq \beta$.

Sei schließlich $\alpha \trianglelefteq \beta$ und $\beta \trianglelefteq \gamma$. Wir brauchen nur den Fall $\alpha \neq \beta$ und $\beta \neq \gamma$ zu betrachten. Dann gilt $x \leqq y$ und $u \in v$ für gewisse $x \in Q_\alpha$, $y, u \in Q_\beta$, $v \in Q_\gamma$. Nach der Eigenschaft (i) ist $y \leqq v$ und damit auch $x \leqq v$, woraus nach der Definition $\alpha \trianglelefteq \gamma$ folgt. Die Relation $\trianglelefteq$ ist also eine Ordnung. Aus der Eigenschaft (ii) folgt, daß die Indexmenge T eine Kette ist. Da die Zerlegung jedes Element erfaßt, existieren zu $x, y \in P$ Indizes $\alpha, \beta \in T$, so daß $x \in Q_\alpha$ und $y \in Q_\beta$ ist.

Sei ferner $x \leqq y$. Wenn dann $\alpha = \beta$ ist, ist $x \leqq_{Q_\alpha} y$. Gilt aber $\alpha \neq \beta$, so ist $\alpha \lhd \beta$. Umgekehrt folgt aus $x \leqq_{Q_\alpha} y$ oder $x \in Q_\alpha$, $y \in Q_\beta$ und $\alpha \lhd \beta$ wieder $x \leqq y$. Damit ist bewiesen, daß P die Ordinalsumme der Teilmengen Q_α ist. Sei etwa eine der Teilmengen Q_α als Ordinalsumme gewisser kleinerer Teilmengen A und B darstellbar und sei σ die neu entstehende Äquivalenz auf der Menge P, so ist $\sigma \leqq \theta$. Für beliebiges $a \in A$ und $b \in B$ gilt aber $a\theta b$ und $a\not\sigma b$, d. h. sogar $\sigma < \theta$. Das steht im Widerspruch zur Wahl von θ. Die teilweise geordneten Mengen Q_α sind also ordinal unzerlegbar.

Übungen

1. Ist φ ein Isomorphismus der teilweise geordneten Menge P auf einen vollständigen Verband L, dann ist P ein vollständiger Verband, und für jede nichtleere Teilmenge $A \subseteq P$ gilt

$$\varphi(\sup_P A) = \sup_L \varphi(A) \quad \text{und} \quad \varphi(\inf_P A) = \inf_L \varphi(A).$$

2. Die geordnete Summe vollständiger Verbände $\{P_\alpha \mid \alpha \in L\}$, wobei auch L ein vollständiger Verband ist, ist ein vollständiger Verband.

3. Das direkte Produkt vollständiger Verbände ist ein vollständiger Verband.

4. Das geordnete Produkt vollständiger Verbände $\{P_\alpha \mid \alpha \in L\}$, wobei L ein vollständiger Verband ist, der die Minimalbedingung erfüllt, ist ein vollständiger Verband.

5. Wenn φ eine isotone Abbildung eines vollständigen Verbandes in sich ist, dann enthält die Menge der Fixpunkte dieser Abbildung ein kleinstes Element.

6. Wenn φ ein Hüllenoperator auf einer teilweise geordneten Menge P ist, dann sind alle maximalen Elemente von P φ-abgeschlossen.

7. Eine Abbildung φ einer teilweise geordneten Menge P in sich ist dann und nur dann ein Hüllenoperator, wenn für beliebige $x, y \in P$ gilt $\varphi(x) \geqq x$ und aus $x \leqq \varphi(y)$ folgt $\varphi(x) \leqq \varphi(y)$.

8. Ist φ ein Hüllenoperator auf dem vollständigen Verband L und bezeichnet Φ die Menge aller φ-abgeschlossenen Elemente, so ist $\varphi(x) = \inf_L (\Phi \cap x^\triangle)$ für alle $x \in L$.

9. Enthält eine Teilmenge U eines vollständigen Verbandes das Einselement dieses Verbandes und für jedes $A \subseteq U$ das Element $\inf_L A$, so ist die Abbildung $\varphi(x) = \inf_L (U \cap x^\triangle)$ ein Hüllenoperator auf L, dessen φ-abgeschlossenen Elemente die Menge U bilden.

10. Sei Φ die Menge aller Hüllenoperatoren auf einer teilweise geordneten Menge P. Für $\varphi, \psi \in \Phi$ definieren wir $\varphi \trianglelefteq \psi \underset{\text{def}}{=} \varphi(x) \leqq \psi(x)$ für alle $x \in P$. Man überzeuge sich davon, daß die Relation $\trianglelefteq$ eine Ordnung ist, durch die Φ zu einem vollständigen Verband wird.

11. Die Vervollständigung der Kette der rationalen Zahlen zwischen 0 und 1 durch Schnitte ist zum Intervall $[0, 1]$ mit der natürlichen Ordnung isomorph.

12. Die Vervollständigung einer trivial teilweisen Kette durch Schnitte ist wieder eine Kette.

13. Die Vervollständigung einer trivial teilweise geordneten Menge P durch Schnitte ist zu dem vollständigen Verband isomorph, der sich aus P durch Hinzunahme von Null und Eins ergibt.

14. Die Vervollständigung des direkten Produkts zweier teilweise geordneter Mengen durch Schnitte ist zum direkten Produkt der durch Schnitte vervollständigten Faktoren isomorph.

15. Sei Ξ der vollständige Verband aller Äquivalenzen auf einer Menge $\mathfrak{M}$. Für $\Xi' \subseteq \Xi$ und $x, y \in \mathfrak{M}$ definieren wir

$$x\theta y \underset{\text{def}}{=} \begin{cases} \text{Es existieren eine natürliche Zahl } m, \\ \text{Elemente } z_1, \ldots, z_{m-1} \in \mathfrak{M} \text{ und Äquivalenzen} \\ \theta_1, \ldots, \theta_m \in \Xi' \text{ derart, daß} \\ x\theta_1 z_1, z_1\theta_2 z_2, \ldots, z_{m-2}\theta_{m-1}z_{m-1}, z_{m-1}\theta_m y. \end{cases}$$

Man beweise

$$\theta = \sup_{\Xi} \Xi'.$$

4. Verbände

Eine teilweise geordnete Menge wird als *Verband* bezeichnet, wenn zu jeder zweielementigen Teilmenge die obere und die untere Grenze existieren. Aus dem Satz 1.4 ergibt sich sofort, daß in einem Verband jede endliche Teilmenge eine obere und eine untere Grenze besitzt. Vollständige Verbände sind offenbar auch Verbände. Ferner bildet jede Kette einen Verband. Die in der üblichen Weise geordnete Menge aller ganzen Zahlen ist ein Beispiel für einen Verband, der nicht vollständig ist. Eine nichtleere Teilmenge P eines Verbandes L heißt ein *Teilverband* von L, wenn mit beliebigen a, b aus P auch $c = \sup_P \{a, b\}$ und $d = \inf_P \{a, b\}$ zu P gehören. Wendet man den Satz 3.7 auf Verbände an, so folgt, daß jeder Verband Teilverband eines vollständigen Verbandes ist. Man prüft ferner leicht nach, daß jedes Intervall und insbesondere jede einelementige Teilmenge Teilverbände sind. Ein Teilverband P heißt *konvex*, wenn mit zwei Elementen $a, b \in P$, $a \leqq b$ auch $[a, b] \subseteq P$ ist. Der Durchschnitt aller Teilverbände eines Verbandes L, die eine gegebene nichtleere Menge $\mathfrak{M}$ enthalten, ist wieder ein Teilverband, von dem man sagt, daß er von der Menge $\mathfrak{M}$ *erzeugt* wird. Es ist der kleinste Teilverband, der die Menge $\mathfrak{M}$ enthält.

Eine unmittelbare Folgerung aus der Definition besteht darin, daß die zu einem Verband duale teilweise geordnete Menge ebenfalls ein Verband ist. Daraus ergibt sich die Möglichkeit, auf Verbände das Dualitätsprinzip anzuwenden.

In einem Verband lassen sich zwei Operationen erklären:

$$a + b \underset{\text{def}}{=} \sup \{a, b\}$$

und

$$ab \underset{\text{def}}{=} \inf \{a, b\}.$$

Die erste wird die *Summe* oder *Vereinigung*, die zweite das *Produkt* oder der *Durchschnitt* genannt.[1]) Aus den Definitionen ergeben sich unter Anwendung von Satz 1.4 die folgenden „Rechenregeln":

(0)	$a + a = a$	$aa = a$
(1)	$a + b = b + a$	$ab = ba$
(2)	$(a + b) + c = a + (b + c)$	$(ab)c = a(bc)$
(3)	$a(a + b) = a$	$a + ab = a.$

Direkt aus den Definitionen erhält man auch den

Satz 1. *Folgende Eigenschaften der Elemente a und b eines Verbandes L sind äquivalent:*

a) $a \leqq b$;

b) $a + b = b$;

c) $ab = a$.

Insbesondere gelten daher für 0 und 1 (wenn sie vorhanden sind) die Gleichungen

$$a\,0 = 0, \quad a + 0 = a, a\,1 = a \text{ und } a + 1 = 1$$

für jedes $a \in L$.

Wir bemerken, daß die Gleichungen (0) aus den Gleichungen (3) abgeleitet werden können:

$$a + a = a + a\,(a + a) = a$$

und

$$aa = a\,(a + aa) = a.$$

[1]) Die Operationen $+$ und $\cdot$ werden häufig auch durch $\vee$ und $\wedge$ bezeichnet. (Anm. d. Red.)

Ein Verband läßt sich auch ohne die Verwendung des Begriffes der teilweise geordneten Menge definieren.

Satz 2. *Sei L eine Menge, in der zwei Operationen $+$ und $\cdot$ erklärt sind, die die Eigenschaften* (1)—(3) *besitzen. Dann ist die Relation*

$$a \leqq b \underset{\text{def}}{=} a + b = b$$

eine Ordnung in L, und die entstehende teilweise geordnete Menge ist ein Verband. Außerdem gilt

$$a + b = \sup \{a, b\}$$

und

$$ab = \inf \{a, b\}.$$

Beweis. Die Reflexivität der Relation $\leqq$ ergibt sich aus der ersten der Gleichungen (0), die aus den Gleichungen (3) folgt, wie wir oben festgestellt haben. Aus $a \leqq b$ und $b \leqq a$, d. h. $a + b = b$ und $b + a = a$ folgt mit Hilfe von (1) $a = b$. Die Relation $\leqq$ ist antisymmetrisch. Wendet man auf die Gleichungen $a + b = b$ und $b + c = c$ die erste Gleichung (2) an, so erhält man

$$a + c = a + (b + c) = (a + b) + c = b + c = c,$$

womit auch die Transitivität der Relation $\leqq$ bewiesen ist. Unter Berücksichtigung von (2), (0) und (1) ergibt sich

$$a + (a + b) = (a + a) + b = a + b$$

und

$$b + (a + b) = b + (b + a) = b + a = a + b.$$

Folglich ist $a \leqq a + b$ und $b \leqq a + b$. Für $a \leqq x$ und $b \leqq x$ leiten wir ebenfalls unter Benutzung von (0) bis (2)

$$(a + b) + x = a + (b + x) = a + x = x,$$

d. h. $a + b \leqq x$, ab. Vergegenwärtigen wir uns die Definition der oberen Grenze, so erkennen wir sofort, daß

$$a + b = \sup\{a, b\}$$

gilt. Schließlich folgt aus (1) und (3) $ab \leqq a$ und $ab \leqq b$. Aus $y \leqq a$ und $y \leqq b$ erhalten wir mit Hilfe von (2) und (3)

$$y(ab) = [y(y + a)]b = yb = y(y + b) = y.$$

Daraus ergibt sich auf Grund von (1) und (3)

$$y + ab = y(ab) + ab = ab,$$

d. h. $y \leqq ab$. Somit gilt

$$ab = \inf\{a, b\}.$$

Wir weisen darauf hin, daß sich alles auch durch duale Überlegungen beschreiben ließe, indem man die Relation $\leqq$ wie folgt definiert:

$$a \leqq b \underset{\text{def}}{=} ab = a.$$

Aus dem Satz 1 folgt außerdem, daß die Verbände eine Mannigfaltigkeit universeller Algebren mit zwei binären Operationen bilden.

Man sieht auf den ersten Blick, daß die in den Rechenregeln (0)—(3) auf der linken Seite stehenden Gleichungen zu den entsprechenden Gleichungen auf der rechten Seite dual sind. Durch Induktion über die Zahl der Anwendungen dieser Rechenregeln weist man nach, daß in einem beliebigen Verband mit jeder unter Verwendung der Verbandsoperationen formulierten Aussage auch die dazu duale Aussage gilt.

Satz 3. *Aus* $a \leqq c$ *und* $b \leqq d$ *folgt* $a + b \leqq c + d$ *und* $ab \leqq cd$.

Beweis. Nach dem Satz 1 folgt aus der Voraussetzung

$$a + c = c\,, \; b + d = d\,, \; ac = a \text{ und } bd = b\,.$$

Daher gilt

$$(a + b) + (c + d) = (a + c) + (b + d) = c + d$$

und

$$(ab)\,(cd) = (ac)\,(bd) = ab\,,$$

woraus sich die behaupteten Ungleichungen ergeben.

Eine Abbildung φ des Verbandes L in den Verband L' heißt ein *Homomorphismus*, wenn für alle $a, b \in L$ gilt

$$\varphi(a + b) = \varphi(a) + \varphi(b) \text{ und } \varphi(ab) = \varphi(a)\,\varphi(b)\,.$$

Mit Hilfe von Satz 1 läßt sich leicht ableiten, daß jeder Homomorphismus eine isotone Abbildung ist. Die Umkehrung gilt allerdings nicht, wie man zum Beispiel aus der Abb. 3 ersieht, wo eine isotone Abbildung φ angegeben ist, die kein Homomorphismus ist. Ein umkehrbar eindeutiger Homomorphismus wird *Isomorphismus* genannt.

Für Isomorphismen gilt der

Satz 4. *Ist φ ein Isomorphismus einer teilweise geordneten Menge L auf eine teilweise geordnete Menge L' und*

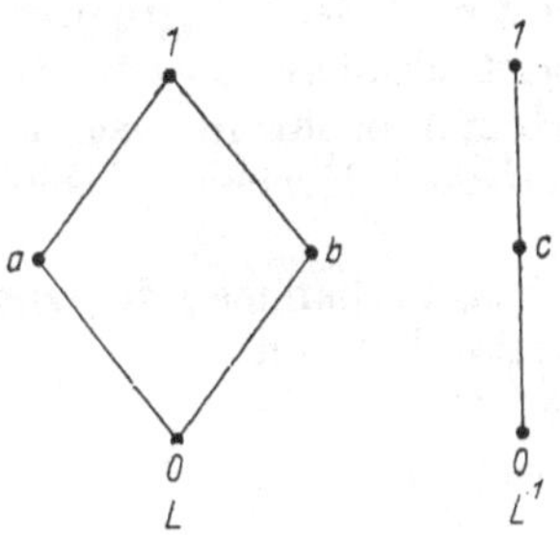

$\varphi(0) = 0,\ \varphi(1) = 1$

$\varphi(a) = \varphi(b) = c.$

φ ist isoton, aber

$\varphi(a + b) = \varphi(1) = 1$

$\neq c + c = \varphi(a) + \varphi(b)$

Abb. 3

ist L ein Verband, dann ist auch L' ein Verband und φ ist ein Verbands-Isomorphismus.

Beweis. Zu $a', b' \in L'$ existieren Elemente $a, b \in L$, so daß $a' = \varphi(a)$, $b' = \varphi(b)$ ist. Dann ist aber $\varphi(a + b) \geqq a'$, $\varphi(a + b) \geqq b'$. Aus $v' \geqq a'$, $v' \geqq b'$ und $v' = \varphi(v)$ folgt $v \geqq a$, $v \geqq b$. Daraus ergibt sich $v \geqq a + b$ und folglich $v' \geqq \varphi(a + b)$. Damit ist die Gleichung $\varphi(a + b) = \varphi(a) + \varphi(b)$ bewiesen. Dual dazu beweist man die Gleichung $\varphi(ab) = \varphi(a)\,\varphi(b)$.

Eine in einem Verband L definierte Äquivalenz $\equiv$ heißt eine Kongruenz, wenn aus $a \equiv c$ und $b \equiv d$ folgt $a + b \equiv c + d$ und $ab \equiv cd$.

Sei $\equiv$ eine Kongruenz in einem Verband L. Aus $a \equiv b$ folgt $a + b \equiv a + a = a$ und $ab \equiv aa = a$, d. h., jede Äquivalenzklasse der Kongruenz erweist sich als Teilverband. Ist außerdem $a \leqq x \leqq b$, so gilt $x = bx \equiv ax = a$. Also ist eine Äquivalenzklasse sogar ein konvexer Teilverband. Als nächstes betrachten wir die Faktormenge $\bar{L} = L/\equiv$. Wenn $\bar{\alpha}$ die durch das Element α definierte Äquivalenzklasse der Kongruenz $\equiv$ bezeichnet, so sind die wie folgt definierten Operationen

$$\bar{a} + \bar{b} \underset{\text{def}}{=} \overline{a + b}$$

und

$$\bar{a}\bar{b} \underset{\text{def}}{=} \overline{ab}$$

korrekt definiert und besitzen die Eigenschaften (1)—(3). Damit wird die Faktormenge $\bar{L}$ zu einem Verband, der als *Faktorverband* des Verbandes L nach der Kongruenz $\equiv$ bezeichnet wird. Ebenso leuchtet unmittelbar ein, daß die natürliche Abbildung ein Homomorphismus ist, den man daher auch als den *natürlichen Homomorphismus* bezeichnet.

Sei φ ein Homomorphismus eines Verbandes L in einen Verband L'. Auf L sei eine Relation ϱ durch

$$a\varrho b \underset{\text{def}}{=} \varphi(a) = \varphi(b)$$

gegeben. Man zeigt leicht, daß ϱ eine Äquivalenz ist. Weiterhin folgt aus $a\varrho c$ und $b\varrho d$

$$\varphi(a + b) = \varphi(a) + \varphi(b) = \varphi(c) + \varphi(d) = \varphi(c + d)$$

und

$$\varphi(ab) = \varphi(a)\,\varphi(b) = \varphi(c)\,\varphi(d) = \varphi(cd).$$

Damit gilt

$$(a + b)\,\varrho(c + d)$$

und

$$(ab)\,\varrho(cd),$$

d. h., ϱ ist eine Kongruenz. Diese Kongruenz wird als der *Kern* des Homomorphismus φ bezeichnet.

Satz 5 (Homomorphie-Satz). *Sei φ ein Homomorphismus eines Verbandes L auf einen Verband L' mit dem Kern φ. Dann existiert ein Isomorphismus ψ des Verbandes L' auf den Faktorverband L/ϱ derart, daß für alle $a \in L$ gilt $\psi\varphi(a) = \bar{a}$, wobei $\bar{a}$ das Bild des Elementes a bei dem natürlichen Homomorphismus von L auf L/ϱ bezeichnet.*

Beweis. Sei $a' = \varphi(a)$. Wir definieren $\psi(a') = \bar{a}$. Aus $\varphi(b) = a'$ für ein $b \in L$ folgt $a\varrho b$ nach Definition des Kerns ϱ des Homomorphismus, also auch $\bar{a} = \bar{b}$. Damit ist gezeigt, daß die Abbildung ψ korrekt definiert ist. Für $a', b' \in L'$ gilt $a' + b' = \varphi(a + b)$, wenn $a' = \varphi(a)$, $b' = \varphi(b)$ ist. Daraus erhält man

$$\psi(a' + b') = \overline{a + b} = \bar{a} + \bar{b} = \psi(a') + \psi(b').$$

Analog prüft man die Gleichung

$$\psi(a'b') = \psi(a')\,\psi(b')$$

nach. Sei $\psi(a') = \psi(b')$ und $a' = \varphi(a)$, $b' = \varphi(b)$. Dann ist $\bar{a} = \bar{b}$, d. h. $a\varrho b$, woraus

$$a' = \varphi(a) = \varphi(b) = b'$$

folgt. Damit ist ψ ein Isomorphismus. Aus seiner Definition ergibt sich die letzte Behauptung des Satzes: $\psi\varphi(a) = \bar{a}$.

Für Gruppen und Ringe ist jede Kongruenz eindeutig durch eine beliebige ihrer Äquivalenzklassen bestimmt. Leider besitzen Verbände diese Eigenschaft im allgemeinen nicht. Zum Beispiel ist die Kongruenz in einer dreielementigen Kette, deren eine Klasse aus der Null und deren andere aus den restlichen beiden Elementen besteht, offenbar von der Diagonale verschieden. Die Null ist aber in beiden Fällen eine Äquivalenzklasse.

Ein Verband L wird als ein Verband mit *relativen Komplementen* oder als ein *relativ komplementärer Verband* bezeichnet, wenn zu jedem Element c aus einem beliebigen Intervall $[a, b]$ ein Element d existiert, so daß $c + d = b$ und $cd = a$ ist. Dieses Element d heißt ein *relatives Komplement* des Elementes c im Intervall $[a, b]$. Das relative Komplement ist nicht eindeutig bestimmt. Zum Beispiel sind in dem auf der Abb. 4 dargestellten Verband die Elemente c und d relative Komplemente des Elementes b im Intervall $[s, 1]$. Dagegen ist s das eindeutig bestimmte relative Komplement von a im Intervall $[0, b]$ und umgekehrt. Ein Verband mit Null und Eins heißt ein *komplementärer Verband*, wenn jedes seiner Elemente ein relatives Komplement im Intervall $[0, 1]$ besitzt. Dieses wird schlechthin als *Komplement* bezeichnet.

Satz 6 (Hashimoto). *Eine Kongruenz in einem relativ komplementären Verband ist durch jede ihrer Äquivalenzklassen vollständig bestimmt.*

Beweis. Seien $\equiv$ und $\approxeq$ zwei Kongruenzen in einem Verband L und $\mathfrak{K}$ eine Äquivalenzklasse der Kongruenz $\equiv$ mit der Eigenschaft, daß für beliebige $a, b \in \mathfrak{K}$ $a \approxeq b$ gilt.

Hilfssatz 1. *Wenn für ein Element* $a \in \mathfrak{K}$ $x \geqq a$, $y \geqq a$ *und* $x \equiv y$ *gilt, so ist* $x \approxeq y$.

Zum Beweis bezeichne z das relative Komplement des

Elementes xy im Intervall $[a, x + y]$. Dann ist

$$z = z(x + y) \equiv zx \equiv zxy = a,$$

woraus $z \in \mathfrak{K}$ folgt. Daher ist

$$x + y = z + xy \approx a + xy = xy$$

und folglich

$$x = x(x + y) \approx x(xy) = xy = (xy)y \approx (x + y)y = y.$$

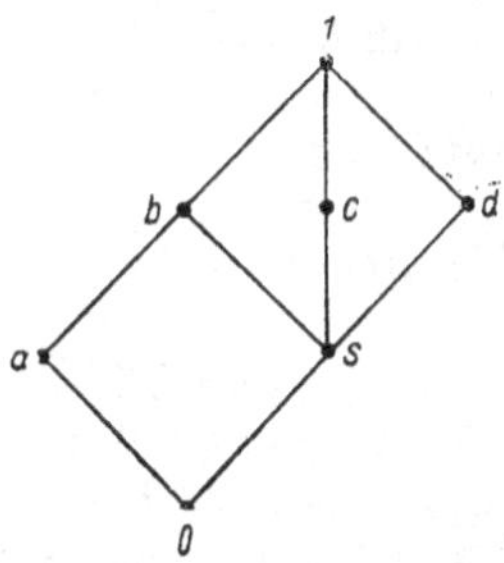

Abb. 4

Hilfssatz 2. *Wenn für ein* $a \in \mathfrak{K}$ *gilt,* $x \leqq a$, $y \leqq a$ *und* $x \equiv y$ *so ist* $x \approx y$.

In der Tat erhalten wir mit z als relativem Komplement von $x + y$ im Intervall $[xy, a]$ die Beziehung

$$z = z + xy \equiv z + x \equiv z + (x + y) = a.$$

Daraus folgt wieder $z \in \mathfrak{K}$. Es gilt

$$xy = z(x + y) \approx a(x + y) = x + y$$

und folglich

$$x = x + xy \approx x + (x + y) = (x + y) + y \approx xy + y = y.$$

Hilfssatz 3. *Wenn* $a \in \mathfrak{K}$ *und* $\mathfrak{C}$ *die durch ein Element* $b \leqq a$ *bestimmte Äquivalenzklasse der Kongruenz* $\equiv$ *ist, dann gilt* $p \approx q$ *für alle* $p, q \in \mathfrak{C}$.

Ist $p \in \mathfrak{C}$, so gilt $ap \equiv ab = b$ und $a + p \equiv a + b = a$. Nach den Hilfssätzen 1 und 2 folgt $ap \approxeq b$ und $a + p \approxeq a$, woraus sich

$$p = (a + p)p \approxeq ap \approxeq b$$

ergibt. Man braucht nur noch die Transitivität der Relation $\approxeq$ zu beachten.

Hilfssatz 4. *Wenn* $x \equiv y$ *ist, so auch* $x \approxeq y$.

Zum Beweis wählen wir ein Element $a \in \mathfrak{K}$ und betrachten die Äquivalenzklasse $\mathfrak{C}$ der Kongruenz $\equiv$, die durch das Element axy bestimmt wird. Auf Grund von Hilfssatz 3 sind die durch das Element axy definierten Äquivalenzklassen der Kongruenzen $\equiv$ und $\approxeq$ gleich.[1]) Nach dem Hilfssatz 1 folgt aber aus $x \geqq axy$ und $y \geqq axy$ die Relation $x \approxeq y$.

Der Satz von Hashimoto ergibt sich nun direkt aus dem Hilfssatz 4.

Wir wollen noch eine weitere Eigenschaft eines relativ komplementären Verbandes untersuchen. Die Kongruenzen $\equiv$ und $\approxeq$ in einem Verband L heißen *vertauschbar*, wenn aus den Beziehungen $a \equiv x$ und $x \approxeq b$ für $a, b, x \in L$ auf die Existenz eines $y \in L$ geschlossen werden kann, für welches $a \approxeq y$ und $y \equiv b$ gilt. Es läßt sich leicht zeigen, daß sowohl die Diagonale als auch die Eins-Kongruenz mit einer beliebigen Kongruenz vertauschbar sind.

Satz 7 (Dilworth). *Zwei beliebige Kongruenzen in einem relativ komplementären Verband L sind vertauschbar.*

Beweis. Seien $\equiv$ und $\approxeq$ Kongruenzen in dem Verband L. Ferner gelte für $a, b, x \in L$ $a \equiv x$ und $x \approxeq b$.

---

[1]) Bisher ist nur bewiesen, daß die durch axy bezüglich $\approxeq$ erklärte Äquivalenzklasse $\mathfrak{C}$ umfaßt. Dies genügt jedoch, um den Hilfssatz 1 anzuwenden und den Hilfssatz 4 zu beweisen. Damit ist gezeigt, daß jede Äquivalenzklasse der Kongruenz $\equiv$ in einer Äquivalenzklasse der Kongruenz $\approxeq$ enthalten ist. Die Aussage des Satzes von Hashimoto erhält man durch Vertauschen der Rollen von $\equiv$ und $\approxeq$. (Anm. d. Red.)

Wir beweisen zunächst den

Hilfssatz. *Ist* $a \leqq x \leqq b$, *so gibt es ein* $y \in [a, b]$ *mit* $a \approxeq y$ *und* $y \equiv b$.

Sei y das relative Komplement des Elementes x im Intervall $[a, b]$. Dann ist

$$y = by \approxeq xy = a$$

und

$$y = a + y \equiv x + y = b.$$

Wenn wir jetzt auf die Einschränkungen des Hilfssatzes verzichten, erhalten wir

$$\begin{aligned} a = a + a \equiv a + x = a + x + x \approxeq a + b + x \\ \equiv x + b + x = b + x \approxeq b + b = b. \end{aligned}$$

Beachten wir, daß die Kongruenzen $\equiv$ und $\approxeq$ gleichberechtigt sind, so erhalten wir aus dem Hilfssatz

$$a \approxeq u \equiv a + b + x$$

und

$$a + b + x \approxeq v \equiv b,$$

wobei $a \leqq u \leqq a + b + x$ und $b \leqq v \leqq a + b + x$ ist. Daraus folgt

$$u = u(a + b + x) \approxeq uv \equiv (a + b + x)\, v = v$$

und schließlich $a \approxeq uv$ und $uv \equiv b$.

Eine nichtleere Teilmenge I eines Verbandes L wird als *Ideal* bezeichnet, wenn sie mit je zwei Elementen x und y auch stets $x + y$ und alle t mit $t \leqq x$ enthält. Dual dazu wird der Begriff des *Filters* erklärt.

Für jedes $x \in L$ ist die Menge $x^{\triangledown}$ ein Ideal und die Menge $x^{\vartriangle}$ ein Filter. Ideale und Filter dieser speziellen Art heißen *Hauptideale* bzw. *Hauptfilter*. Wenn für eine Kongruenz θ in einem Verband L der Faktorverband L/θ ein Nullelement besitzt, läßt sich ohne besondere Mühe beweisen, daß das vollständige Urbild dieses Nullelementes bei dem natürlichen Homomorphismus ein

Ideal ist. Es wird als das *Kernideal* der Kongruenz θ bezeichnet. Dual dazu definiert man den Begriff des *Kernfilters.* Natürlich gehören die Null bzw. die Eins eines Verbandes (wenn sie vorhanden sind) jedem Ideal bzw. jedem Filter an. Das Kernideal (der Kernfilter) des Kerns eines Homomorphismus φ heißt das Kernideal (der Kernfilter) dieses Homomorphismus φ. Im Unterschied zu Gruppen und Ringen ist nicht jedes Ideal eines Verbandes ein Kernideal. Zum Beispiel ist die Menge $I = \{0, a, b, s\}$ von Elementen aus dem auf der Abb. 4 dargestellten Verband ein Ideal. Wäre es das Kernideal einer Kongruenz $\equiv$, so würden die Kongruenzen $c \equiv b + c \equiv 1$ und $d \equiv b + d \equiv 1$ gelten. Aus ihnen würde $0 \equiv cd \equiv 1$ folgen, was aber $1 \in I$ zur Folge hätte.

Satz 8. *Wenn S ein Filter und I ein Ideal des Verbandes L ist, dann ist der Durchschnitt $S \cap I$ ein konvexer Teilverband des Verbandes L. Jeder konvexe Teilverband läßt sich in einer solchen Form darstellen. Ist S ein Kernfilter und I ein Kernideal, so ist ihr Durchschnitt eine Äquivalenzklasse einer Kongruenz.*

Beweis. Zunächst ist der Durchschnitt $S \cap I$ sicher ein Teilverband. Für $a \leqq x \leqq b$ und $a, b \in S \cap I$ ist $x \in S$, weil $a \in S$ ist, und $x \in I$, weil $b \in I$ ist. Ist umgekehrt V ein konvexer Teilverband, so betrachten wir die Menge $S = \bigcup_{v \in V} v^{\triangle}$. Offenbar folgt aus $s \in S$ für alle $x \geqq s$: $x \in S$. Zu $s', s'' \in S$ existieren Elemente v' und v'' aus V, so daß $s' \geqq v'$ und $s'' \geqq v''$ ist. Dann gilt aber auch $s's'' \geqq v'v'' \in V$, d. h. $s's'' \in S$. Folglich ist S ein Filter. In dualer Form beweist man, daß die Menge $I = \bigcup_{v \in V} v^{\triangledown}$ ein Ideal ist. Sicher gilt dann $V \subseteq S \cap I$. Sei $x \in S \cap I$. Dann gilt für geeignet gewählte $v', v'' \in V$: $v' \leqq x \leqq v''$.

Da V konvex ist, folgt $x \in V$, d. h. $S \cap I \subseteq V$. Sei schließlich I das Kernideal der Kongruenz ϱ und S der Kernfilter der Kongruenz σ. Dann betrachten wir das direkte Produkt H der Faktorverbände L/ϱ und L/σ.

Sei χ der durch die Gleichung $\chi(x) = (\varphi(x), \psi(x))$ definierte Homomorphismus des Verbandes L in dieses direkte Produkt, wobei φ und ψ die zu ϱ bzw. σ gehörenden natürlichen Homomorphismen bezeichnen. Man rechnet leicht nach, daß $v \in V = I \cap S$ dann und nur dann gilt, wenn $\chi(v) = (0, 1)$ ist. Daher ist V eine Äquivalenzklasse des Kerns des Homomorphismus χ.

Ein Ideal I eines Verbandes L heißt ein *Standardideal*, wenn für beliebige $a, b \in L$ und $s \in I$ aus $a \leqq b + s$ stets $a = x + t$ folgt, wobei $x \leqq b$ und $t \in I$ ist. Man erkennt sofort, daß das Nullideal und der Verband selbst Standardideale sind. In dem durch die Abb. 4 beschriebenen Verband ist s^∇ ein Standardideal und a^∇ ein Ideal, das kein Standardideal ist.

Satz 9 (Grätzer-Schmidt). *Jedes Standardideal I eines Verbandes L ist das Kernideal der wie folgt definierten Kongruenz θ:*

$$x\theta y \underset{\text{def}}{=} \text{Es existiert ein } s \in I \text{ mit } x + y = xy + s.$$

Beweis. Zunächst beweisen wir einige Hilfssätze.

Hilfssatz 1. *Wenn $s \in I$ ist, dann gibt es zu beliebigen $x, y \in L$ ein $t \in I$ mit der Eigenschaft $x(y + s) = xy + t$.*

Wegen $x(y + s) \leqq y + s$ ist $x(y + s) = b + t$, wobei $b \leqq y, t \in I$ ist. Es gilt jedoch

$$b \leqq x(y + s) \leqq x$$

und folglich $b \leqq xy$. Daraus erhält man

$$x(y + s) = x(y + s) + xy = b + t + xy = xy + t.$$

Hilfssatz 2. *Wenn $x + y = a + s$ ist, mit $x, y \in L$, $a \leqq xy$ und $s \in I$, dann ist $x\theta y$.*

Es gelten die Gleichungen

$$x + y = xy + x + y = xy + a + s = xy + s,$$

was zu zeigen war.

Hilfssatz 3. *Aus* $x\theta y$, $y\theta z$ *und* $y \leqq x + z$ *folgt* $x\theta z$.

Auf Grund der Definition gilt

$$x + y = xy + s'$$

und

$$y + z = yz + s'',$$

wobei $s', s'' \in I$ ist. Nach dem Hilfssatz 1 gibt es Elemente t' und t'' aus I, so daß gilt

$$xy = xy(y + z) = xy(yz + s'') = xyz + t'$$

und

$$yz = yz(x + y) = yz(xy + s') = xyz + t''.$$

Daher ist

$$\begin{aligned} x + z = x + y + z &= xy + yz + s' + s'' \\ &= xyz + (t' + t'' + s' + s''), \end{aligned}$$

woraus

$$\begin{aligned} x + z &= xz + xyz + (t' + t'' + s' + s'') \\ &= xz + (t' + t'' + s' + s'') \end{aligned}$$

folgt. Es ergibt sich $x\theta z$.

Hilfssatz 4. *Wenn* $x\theta u$ *und* $y\theta v$ *gilt, so ist auch* $(x + y)\,\theta(u + v)$ *und* $xy\theta uv$.

Aus der Definition der Relation θ erhalten wir

$$x + u = xu + s'$$

und

$$y + v = yv + s''$$

für geeignet gewählte s', s'' aus I. Daraus leitet man

$$(x + y) + (u + v) = (xu + yv) + s' + s''$$

ab. Wegen

$$\begin{aligned} xu + yv &\leqq (x + y)(u + v) + (x + y)(u + v) \\ &= (x + y)(u + v) \end{aligned}$$

ergibt sich aus dem Hilfssatz 2, daß $(x + y)\,\theta\,(u + v)$ ist. Wenden wir den Hilfssatz 1 an, so erhalten wir

$$\begin{aligned} xy + uv &= (xy + uv)\,(x + u)\,(y + v) \\ &= (xy + uv)\,(xu + s')\,(yv + s'') \\ &= (xy + uv)\,[(xu + s')\,yv + \bar{s}] \\ &= (xy + uv)\,(xuyv + \bar{s} + \bar{\bar{s}}) = xuyv + s \end{aligned}$$

mit $\bar{s}, \bar{\bar{s}}, s \in I$. Folglich ist $xy\theta uv$.

Hilfssatz 5. *θ ist eine Kongruenz.*

Die Reflexivität und Symmetrie der Relation θ sind offensichtlich. Für den Beweis genügt es angesichts von Hilfssatz 4, die Transitivität dieser Relation nachzuweisen. Wenn $x\theta y$ und $y\theta z$ ist, so erhält man aus dem Hilfssatz 4 die Relation

$$x\theta y\theta(x + y + z)$$

woraus nach Hilfssatz 3 $x\theta(x + y + z)$ folgt. Erneute Anwendung von Hilfssatz 4 ergibt

$$x = x(x + z)\,\theta(x + y + z)\,(x + z) = x + z\,.$$

Da x und z gleichberechtigt sind, gilt

$$x\theta(x + z)\theta z\,,$$

woraus sich nach dem Hilfssatz 3 $x\theta z$ erhalten läßt.

Für den Beweis des Satzes bleibt zu zeigen, daß I mit dem Kernideal der Kongruenz θ übereinstimmt. Dazu sei $s \in I$. Dann gilt für jedes $x \in L$

$$xs + s = xs \cdot s + s\,,$$

d. h. $xs\theta s$. Somit ist I das Nullelement des Faktorverbandes L/θ, was zu beweisen war.

Die Umkehrung dieses Satzes gilt leider nicht: Das Nicht-Standardideal a^{∇} des auf Abb. 4 dargestellten Verbandes ist Kernideal seines Homomorphismus auf eine zweielementige Kette. Einen gewissen Trost bietet der folgende

Satz 10 (GRÄTZER-SCHMIDT). *Jedes Kernideal einer Kongruenz eines relativ komplementären Verbandes ist ein Standardideal.*

Beweis. Sei L ein relativ komplementärer Verband und I das Kernideal eines Homomorphismus φ. Für $a, b \in L, s \in I$ und $a \leqq b + s$ bezeichnen wir das relative Komplement des Elementes ab im Intervall $[abs, a]$ mit z. Dann gilt $a = ab + z$ und

$$\begin{aligned}\varphi(z) &= \varphi\big(z(b+s)\big) = \varphi(z)\varphi(b+s) = \varphi(z)\varphi(b) \\ &= \varphi(za)\varphi(b) = \varphi\big(z(ab)\big) = \varphi(abs) = 0,\end{aligned}$$

d. h. $z \in I$.

Ein Filter S eines Verbandes L heißt ein *Standardfilter*, wenn für beliebige $a, b \in L$ und $s \in S$ aus der Ungleichung $a \geqq bs$ stets $a = xt$ mit $x \geqq b$ und $t \in S$ folgt. Auf Grund des Dualitätsprinzips erhält man aus dem Satz 9 den

Satz 11. *Jeder Standardfilter S eines Verbandes L ist der Kernfilter der wie folgt definierten Kongruenz θ:*

$$x\theta y \underset{\text{def}}{=} \textit{Es existiert ein } s \in S \textit{ mit } xy = (x+y)s.$$

Im Zusammenhang damit, daß nicht jeder Verband vollständig ist, sind Vollständigkeitskriterien von besonderem Interesse. Zwei von ihnen werden im folgenden angegeben.

Satz 12. *Wenn jeder Teilverband eines Verbandes L mit Null eine obere Grenze besitzt, dann ist L vollständig.*

Beweis. Aus der Voraussetzung folgt unmittelbar, daß L ein Einselement enthält. Wenn A eine nichtleere Teilmenge des Verbandes L ist, ist auch der untere Konus $A^{\triangledown}$ wegen der Existenz der Null nicht leer. Man zeigt leicht, daß $A^\triangledown$ ein Teilverband ist. Nach dem Satz 1.8 gilt

$$\inf A = \sup A^\triangledown ,$$

und es bleibt nur noch der Satz 3.1 anzuwenden.

Satz 13 (DAVIS). *Besitzt jede isotone Abbildung eines Verbandes L in sich einen Fixpunkt, so ist L vollständig.*

Beweis. Als erstes beweisen wir den

Hilfssatz 1. *Wenn C eine Kette aus L ist, dann existieren* $\sup_L C$ *und* $\inf_L C$.

Für den Beweis betten wir C unter Verwendung von Satz 2.3 in eine maximale Kette D ein. Nach Satz 3.3 existiert $c = \sup_D C$. Ist $v \in L$ und gilt für alle $x \in C$: $v \geqq x$, so ist auch $cv \geqq x$ für alle $x \in C$. Aus $z \in D$ und $z \geqq c$ folgt $z \geqq cv$. Wenn $z \in D$ und $z < c$ ist, so existiert ein $x \in C$ mit $z \leqq x$. Daraus folgt $cv \geqq x \geqq z$. Damit ist das Element cv mit allen Elementen der Kette D vergleichbar und gehört wegen der Maximalität von D zu D. Es ist $v \geqq cv \geqq c$, d. h. $c = \sup_L C$. Die zweite Behauptung beweist man durch duale Überlegungen.

Hilfssatz 2. *L enthält Null und Eins.*

Für den Beweis wählen wir in L unter Verwendung von Satz 2.3 eine maximale Kette C aus. Nach dem Hilfssatz 1 existiert $w = \sup C$. Wenn $x \in L$ und $x \nleqq w$ ist, gilt $x + w > w$. Daraus folgt, daß $x + w \notin C$ ist und durch Hinzunahme von $x + w$ zu C wieder eine Kette entstehen würde. Das widerspricht aber der Maximalität der Kette C. Folglich ist $w = 1$. Die Existenz der Null beweist man durch duale Überlegungen.

Wir gehen jetzt zum Beweis des Satzes über und betrachten eine nichtleere Teilmenge A des Verbandes L. Nach dem Hilfssatz 2 ist der untere Konus $A^\triangledown$ nicht leer. Unter Verwendung von Satz 2.3 wählen wir in $A^\triangledown$ eine maximale Kette C aus. Nach dem Hilfssatz 1 existiert $a = \sup C$. Weil $A \subseteq C^\triangle$ gilt, ist auch $A \subseteq a^\triangle$, nach Definition der oberen Grenze. Daher ist $a \in A^\triangledown$. Aus $x \in A^\triangledown$ folgt $a + x \in A^\triangledown$ und $a + x \geqq a$. Wäre

$a + x > a$, so ließe sich die Kette C vergrößern, was gegen ihre Maximalität verstößt. Wenn aber $a + x = a$ ist, dann ist $x \leqq a$. Somit ist $a = \inf A$, und man braucht nur noch den Satz 3.1 anzuwenden.

Im Zusammenhang mit der Untersuchung vollständiger Verbände sind die folgenden Begriffe nützlich.

Ein *Teilverband* H eines Verbandes L heißt *vollständig*, wenn für jede Teilmenge $A \subseteq H$ aus der Existenz von $a = \sup_L A$ $[a = \inf_L A]$ auf $a \in H$ geschlossen werden kann. Wie schon erwähnt, gilt in diesem Fall $a = \sup_H A$ $[a = \inf_H A]$.[1]) Intervalle sind Beispiele für vollständige Teilverbände. Der Durchschnitt einer beliebigen Menge vollständiger Teilverbände ist wieder ein vollständiger Teilverband. Daher gibt es unter allen vollständigen Teilverbänden, die eine Menge $\mathfrak{M}$ enthalten, einen kleinsten. Man sagt, daß $\mathfrak{M}$ diesen kleinsten Teilverband *vollständig erzeugt*. Zum Beispiel wird das Einheitsintervall von reellen Zahlen vollständig aus dem offenen Intervall $(0, 1)$ erzeugt. *Ideale* und *Filter* heißen *vollständig*, wenn sie vollständige Teilverbände sind.

Ein *Homomorphismus* φ eines Verbandes L in einem Verband L' heißt *vollständig*, wenn für jede Teilmenge $A \subseteq L$, für die $\sup_L A$ (bzw. $\inf_L A$) existiert, $\varphi(\sup_L A) = \sup_{L'} \varphi(A)$ $\big($bzw. $\varphi(\inf_L A) = \inf_{L'} \varphi(A)\big)$ gilt. Aus dem Satz 1.5 läßt sich leicht ableiten, daß ein Isomorphismus ein vollständiger Homomorphismus ist. Ein Beispiel für einen unvollständigen Homomorphismus wäre die Abbildung φ des reellen Intervalls $[0, 1]$ in eine zweielementige Kette mit $\varphi(1) = 1$ und $\varphi(x) = 0$ für $0 \leqq x < 1$.

Man prüft leicht nach, daß das Kernideal (bzw. der Kernfilter) eines vollständigen Homomorphismus vollständig ist.

---

[1]) Es sei besonders darauf hingewiesen, daß ein vollständiger Teilverband H eines Verbandes L selbst kein vollständiger Verband zu sein braucht. Dagegen ist jeder vollständige Teilverband eines vollständigen Verbandes selbst ein vollständiger Verband. (Anm. d. Red.)

Satz 14. *Ist φ ein vollständiger Homomorphismus eines vollständigen Verbandes L auf einen Verband L' und ist $a' \in L'$, dann ist die Menge $I = \{x \mid x \in L, \ \varphi(x) = a'\}$ ein Intervall.*

Beweis. Sei $a = \inf I$ und $b = \sup I$. Für $x \in [a, b]$ gilt $a' = \varphi(a) \leqq \varphi(x) \leqq \varphi(b) = a'$, d. h. $[a, b] \subseteq I$. Die umgekehrte Inklusion ist offensichtlich.

Wir weisen darauf hin, daß die Vollständigkeit des Homomorphismus für diesen Schluß wesentlich ist: Das vollständige Urbild der Null bei dem oben angegebenen Homomorphismus des Intervalls $[0, 1]$ auf eine zweielementige Kette ist kein Intervall.

Übungen

1. Man beweise die Gleichwertigkeit folgender Beziehungen zwischen den Elementen a und b eines beliebigen Verbandes:

$$\text{a) } a \leqq b; \quad \text{b) } a \leqq ab; \quad \text{c) } a + b \leqq b.$$

2. Jedes minimale (maximale) Element eines Verbandes ist die Null (Eins).

3. Wenn $a + b + c = abc$ ist, so ist $a = b = c$.

4. In jedem Verband gilt

$$(ab + ac)(ab + bc) = ab.$$

5. Man beweise die Gleichwertigkeit folgender Eigenschaften eines Verbandes L:

a) L ist eine Kette.
b) Alle Teilmengen von L sind Teilverbände.
c) Jeder Homomorphismus der teilweise geordneten Menge L ist ein Verbands-Homomorphismus.
d) Aus $a = bc$ folgt stets $a = b$ oder $a = c$.

6. Eine Teilmenge I eines Verbandes L ist dann und nur dann ein Ideal, wenn $a, b \in I$ und $a + b \in I$ gleichzeitig gelten.

7. Bei einem $\cup$-Homomorphismus treten Ideale und nur sie als vollständiges Urbild der Null auf. (Die Abbildung φ eines Ver-

bandes L in einen Verband L' heißt ein $\cup$-*Homomorphismus*, wenn $\varphi(a + b) = \varphi(a) + \varphi(b)$ ist.)

8. Jedes Primideal ist der Kern eines Verbands-Homomorphismus. (Ein Ideal P heißt *Primideal*, wenn aus $ab \in P$ stets folgt, daß $a \in P$ oder $b \in P$ ist.)

9. Der Teilverband P eines Verbandes L ist dann und nur dann ein Primideal, wenn $L \setminus P$ ein Primfilter ist. (Ein Filter F heißt *Primfilter*, wenn aus $a + b \in F$ stets folgt, daß $a \in F$ oder $b \in F$ ist.)

10. Man beweise, daß die Ideale eines beliebigen Verbandes L einen Verband bilden und daß die Vollständigkeit dieses Verbandes mit der Existenz der Null im Verband L gleichwertig ist.

11. Wenn ein Verband die Maximalbedingung erfüllt, sind alle seine Ideale Hauptideale.
Man formuliere und beweise die duale Behauptung.

12. Jeder Verband kann durch Hinzufügen von höchstens drei Elementen in einen komplementären Verband mit 0 und 1 eingebettet werden.

13. Ein Verband mit Eins, der die Maximalbedingung erfüllt, ist vollständig.

14. Für die Vollständigkeit eines Verbandes ist notwendig und hinreichend, daß alle Ideale I mit $I^{\triangle\triangledown} = I$ Hauptideale sind.

15. Das geordnete Produkt von Verbänden ist ein Verband.

16. Die geordnete Summe von Verbänden P_α, $\alpha \in L$ ist dann und nur dann ein Verband, wenn L ein Verband ist und aus $\alpha + \beta \neq \alpha$ und $\alpha + \beta \neq \beta$ die Existenz der Null im Verband $P_{\alpha+\beta}$ und der Eins im Verband $P_{\alpha\beta}$ folgt.

5. Freie Verbände

Im Unterschied zu universellen Algebren ist der Begriff des freien Verbandes sehr allgemein im Hinblick auf die Möglichkeit, in der Grundmenge eine Ordnung einzuführen und verschiedene Aspekte der Erhaltung gewisser Eigenschaften der gewonnenen teilweise geordneten Menge bei ihrer Einbettung in den freien Verband zu untersuchen.

Sei P eine teilweise geordnete Menge. Eine Teilmenge A von P heißt *summierbar* [*multiplizierbar*], wenn $\sup A$ [$\inf A$] existiert. Im folgenden seien $\mathfrak{A}$ und $\mathfrak{B}$ Systeme von summierbaren bzw. multiplizierbaren Teilmengen von P. Der Verband F heißt eine *freie* ($\mathfrak{A}$, $\mathfrak{B}$)-*Erweiterung* der Menge P, wenn folgendes gilt:

(1) Es existiert ein Isomorphismus θ der teilweise geordneten Menge P in den Verband F.
(2) F wird von der Menge $\theta(P)$ erzeugt.
(3) Für jedes $M \in \mathfrak{A}$ existiert $\sup_F \bigl(\theta(M)\bigr)$, und es ist $\sup_F \bigl(\theta(M)\bigr) = \theta\bigl(\sup_P (M)\bigr)$.
(4) Für jedes $N \in \mathfrak{B}$ existiert $\inf_F \bigl(\theta(N)\bigr)$, und es ist $\inf_F \bigl(\theta(N)\bigr) = \theta\bigl(\inf_P (N)\bigr)$.
(5) Wenn φ eine isotone Abbildung der teilweise geordneten Menge P in den Verband L ist, für die zu beliebigem $M \in \mathfrak{A}$ und $N \in \mathfrak{B}$ $\sup_L \bigl(\varphi(M)\bigr)$ und $\inf_L \bigl(\varphi(N)\bigr)$ existieren und mit $\varphi\bigl(\sup_P (M)\bigr)$ bzw. $\varphi\bigl(\inf_P (N)\bigr)$ übereinstimmen, so gibt es einen Homomorphismus ψ des Verbandes F in den Verband L derart, daß $\psi\bigl(\theta(x)\bigr) = \varphi(x)$ ist für alle $x \in P$.

Die wichtigsten Spezialfälle sind die *freie* und die *vollfreie Erweiterung*. Besteht das System $\mathfrak{A}$ speziell aus allen summierbaren und das System $\mathfrak{B}$ aus allen multiplizierbaren Paaren der Menge P, so heißt die freie ($\mathfrak{A}$, $\mathfrak{B}$)-Erweiterung von P kurz die *freie Erweiterung* von P. Als *vollfreie Erweiterung* von P bezeichnen wir die freie ($\mathfrak{A}$, $\mathfrak{B}$)-Erweiterung, bei der $\mathfrak{A}$ und $\mathfrak{B}$ aus allen vergleichbaren Paaren von P gebildet werden. Für eine trivial teilweise geordnete Menge P stimmen die freie und die vollfreie Erweiterung überein. Dieser Verband wird als *freier Verband* über der Menge P bezeichnet. Die freie Erweiterung der Kardinalsumme von Verbänden heißt ihr *freies Produkt*. Diese Begriffe decken sich völlig mit den in der Theorie der universellen Algebren üblichen.

Zur Beantwortung der Frage nach der Existenz einer freien ($\mathfrak{A}$, $\mathfrak{B}$)-Erweiterung einer teilweise geordneten Menge P führen wir den Begriff des *Wortes* ein. Die

Elemente von P heißen *Wörter vom Gewicht* 0. Sind A und B Wörter, deren Gewicht kleiner als n ist, so heißen $A + B$ und AB *Wörter vom Gewicht* n. Die Wörter A und B und alle ihre Teilwörter werden als Teilwörter der Wörter $A + B$ und AB bezeichnet. Durch die obige Bemerkung wird das Gewicht eines Wortes noch nicht eindeutig festgelegt. Unter allen Gewichten eines Wortes A existiert aber ein kleinstes, das wir mit $w(A)$ bezeichnen. Wenn im folgenden *vom Gewicht eines Wortes* A die Rede ist, soll damit stets $w(A)$ gemeint sein. Die Wörter A und B vom Gewicht 0 gelten als gleich (symbolisch $A \equiv B$), wenn sie als Elemente von P gleich sind. Die Gleichungen $A + B \equiv C + D$ und $AB \equiv CD$ gelten definitionsgemäß dann und nur dann, wenn $A \equiv C$ und $B \equiv D$ ist. Die Wörter vom Gewicht 0 und alle Wörter der Form AB heißen $\cup$-*unzerlegbar*; die Wörter vom Gewicht 0 und alle Wörter der Form $A + B$ werden $\cap$-*unzerlegbar* genannt. Eine Darstellung des Wortes A in der Form

$$A \equiv A_1 + A_2 + \cdots + A_m$$

mit $\cup$-unzerlegbaren Wörtern $A_1, \ldots, A_m$ und einer gewissen Klammerung heißt eine $\cup$-*kanonische Darstellung.* Entsprechend bezeichnet man die Darstellung eines Wortes A in der Form

$$A \equiv A_1 A_2 \ldots A_m$$

mit $\cap$-unzerlegbaren Wörtern $A_1, \ldots, A_m$ und einer gewissen Klammerung als eine $\cap$-*kanonische Darstellung.* Man erkennt leicht, daß beide Darstellungen eines beliebigen Wortes existieren und eindeutig bestimmt sind. Es kann insbesondere für eine von beiden $m = 1$ sein. Wenn $m > 1$ ist, dann sind alle Gewichte der Wörter $A_1, \ldots, A_m$ kleiner als das Gewicht des Wortes A. Als nächstes ordnen wir einigen Wörtern induktiv ein Element $v(A)$ aus P zu, das als Wert von A bezeichnet wird. Unter dem Wert $v(A)$ eines Wortes A vom Gewicht 0 verstehen wir das Element A selbst. Der Wert $v(A)$ eines Wortes A mit der $\cup$-kanonischen Darstellung (51) (bzw. mit der $\cap$-kanonischen Darstellung (52)) ist nur für den Fall definiert, wo für alle i die Werte $v(A_i)$ erklärt sind und die Menge dieser Werte $\{v(A_i)/i = 1, \ldots, m\}$ dem System $\mathfrak{A}$ (bzw. dem System $\mathfrak{B}$) angehört. Unter diesen Voraussetzungen setzen wir

$$v(A) = \sup_P \{v(A_i)\}$$

$\big($bzw. $v(A) = \inf_P \{v(A_i)\}\big)$.

In der Menge aller Wörter definieren wir in folgender Weise die Relationen $\underset{n}{\leqq}$ $(n = 1, 2, \ldots)$:

$$A \underset{1}{\leqq} B \underset{\text{def}}{=} A \equiv B \quad \text{oder} \quad v(A) \leqq_P v(B),$$

und für $n > 1$

$$A \underset{n}{\leqq} B \underset{\text{def}}{=} \begin{cases} \text{(i)} & A \underset{n-1}{\leqq} C \text{ und } C \underset{n-1}{\leqq} B \text{ für ein geeignetes Wort C;} \\ & \text{oder} \\ \text{(ii)} & A \equiv A_1 + \cdots + A_m \text{ ist die } \cup\text{-kanonische Darstellung und } A_i \underset{n-1}{\leqq} B \text{ für alle } i \in \{1, \ldots, m\}; \\ & \text{oder} \\ \text{(iii)} & A \equiv A_1 \ldots A_m \text{ ist die } \cap\text{-kanonische Darstellung und } A_i \underset{n-1}{\leqq} B \text{ für ein } i \in \{1, \ldots, m\}; \\ & \text{oder} \\ \text{(iv)} & B \equiv B_1 \ldots B_m \text{ ist die } \cap\text{-kanonische Darstellung und } A \underset{n-1}{\leqq} B_i \text{ für alle } i \in \{1, \ldots, m\}; \\ & \text{oder} \\ \text{(v)} & B \equiv B_1 + \cdots + B_m \text{ ist die } \cup\text{-kanonische Darstellung und } A \underset{n-1}{\leqq} B_i \text{ für ein } i \in \{1, \ldots, m\}. \end{cases}$$

Lemma 1. *Für alle n gilt* $A \underset{n}{\leqq} A$.

Für $n = 1$ gilt $A \underset{1}{\leqq} A$ nach Definition. Ist ferner $A \underset{n-1}{\leqq} A$ und $A \underset{n-1}{\leqq} A$, so folgt nach der Regel (i) $A \underset{n}{\leqq} A$.

Lemma 2. *Ist* $A \underset{n}{\leqq} B$ *und* $m \geqq n$, *so gilt* $A \underset{m}{\leqq} B$.

Aus der Voraussetzung und dem Lemma 1 erhält man $A \underset{n}{\leqq} B$ und $B \underset{n}{\leqq} B$. Mit Hilfe der Regel (i) ergibt sich daraus $A \underset{n+1}{\leqq} B$; alles weitere beweist man durch vollständige Induktion.

Wir setzen jetzt

$$A \leqq B \underset{\text{def}}{=} \text{Es existiert ein } n \text{ mit } A \underset{n}{\leqq} B.$$

Lemma 3. *Die Relation* $\leqq$ *ist reflexiv und transitiv.*

Die erste Aussage folgt sofort aus dem Lemma 1. Ist $A \leqq B$ und $B \leqq C$, so existiert nach dem Lemma 2 ein n, so daß $A \underset{n}{\leqq} B$ und $B \underset{n}{\leqq} C$ ist. Durch die Anwendung der Regel (i) folgt $A \underset{n+1}{\leqq} C$, d. h. $A \leqq C$.

Lemma 4. *Es gilt* $AB \leqq A \leqq A + B$ *und* $AB \leqq B \leqq A + B$.

Zum Beweis sei $C \equiv A + B$, wobei

$$A \equiv A_1 + \cdots + A_m$$

und

$$B \equiv B_1 + \cdots + B_n$$

die $\cup$-kanonischen Darstellungen von A bzw. B sind. Nach dem Lemma 1 und der Regel (v) folgt daraus $C \geqq A_i$ für alle $i \in \{1, \ldots, m\}$. Nach der Regel (ii) gilt dann aber auch $C \geqq A$. Analog weist man $C \geqq B$ nach. Die Ungleichungen $AB \leqq A$, $AB \leqq B$ beweist man durch duale Überlegungen.

Lemma 5. *Aus* $C \leqq A$ *und* $C \leqq B$ *folgt* $C \leqq AB$.

Zum Beweis betrachten wir die $\cap$-kanonischen Darstellungen

$$A \equiv A_1 \dots A_m$$

und

$$B \equiv B_1 \dots B_n .$$

Dann ist

$$AB \equiv (A_1 \dots A_m)(B_1 \dots B_n)$$

ebenfalls die $\cap$-kanonische Darstellung. Aus Lemma 3 und 4 geht hervor, daß $C \leqq A_i$ und $C \leqq B_j$ $(i = 1, \dots, m;\ j = 1, \dots, n)$ gilt, woraus sich auf Grund der Regel (iv) $C \leqq AB$ ergibt.

Durch duale Betrachtungen beweist man das

Lemma 6. *Aus $A \leqq C$ und $B \leqq C$ folgt $A + B \leqq C$.*

Auf der Grundlage von Lemma 3 und Satz 1.3 kann man die Faktormenge F der Menge aller Wörter bezüglich der wie folgt definierten Äquivalenz ϱ bilden:

$$A \varrho B \underset{\text{def}}{=} A \leqq B \quad \text{und} \quad B \leqq A .$$

Nach dem Satz 1.3 induziert die Relation $\leqq$ eine Ordnung in der Menge F. Im weiteren werde ein Wort A und sein Bild bei der natürlichen Abbildung auf F durch dasselbe Symbol bezeichnet. „$=$" bezeichne die Gleichheit von Elementen der Menge F, um sie von der Gleichheit $A \equiv B$ von Wörtern zu unterscheiden.

Aus Lemma 4 bis 6 folgt unmittelbar das

Lemma 7. *Die teilweise geordnete Menge F ist ein Verband, in dem $A + B = \sup\{A, B\}$ und $AB = \inf\{A, B\}$ gilt.*

Wir betrachten jetzt die teilweise geordnete Menge Q von ganzzahligen Zeilen, die in den Überlegungen zum Satz 2.10 konstruiert wurde. Für sie gilt das

Lemma 8. *Wenn*

$$q = (m_1, \dots, m_n) \in Q ,$$

$$A_0 \underset{m_1}{\leqq} A_1 \underset{m_2}{\leqq} \cdots \underset{m_{n-1}}{\leqq} A_{n-1} \underset{m_n}{\leqq} A_n$$

gilt und die Werte $v(A_1), \ldots, v(A_{n-1})$ *nicht existieren, so existiert eine Zeile*

$$r = (r_1, \ldots, r_s) < q$$

mit der Eigenschaft

$$A_0 \underset{r_1}{\leqq} D_1 \underset{r_2}{\leqq} \cdots \underset{r_{s-1}}{\leqq} D_{s-1} \underset{r_s}{\leqq} A_n$$

in den folgenden Fällen:

1. *Es ist* $A_k \equiv A_{k+1}$ *für ein gewisses* k.
2. *Für ein* k *gilt die Ungleichung* $\underset{m_k}{\leqq}$ *nach der Regel* (i).
3. *Für ein* $k \neq n$ *gilt die Ungleichung* $\underset{m_k}{\leqq}$ *nach der Regel* (iv) *oder* (v), *wobei diese Regeln für keine der Ungleichungen* $\underset{m_j}{\leqq}$ *mit* $j > k$ *von Bedeutung sind.*
4. *Für ein* $k \neq 1$ *gilt die Ungleichung* $\underset{m_k}{\leqq}$ *nach der Regel* (ii) *oder* (iii), *wobei diese Regeln für keine der Ungleichungen* $\underset{m_j}{\leqq}$ *mit* $j < k$ *von Bedeutung sind.*

In der Tat gilt im Fall 1

$$A_0 \underset{m_1}{\leqq} \cdots \underset{m_{k-1}}{\leqq} A_{k-1} \underset{m_{k+1}}{\leqq} A_{k+1} \underset{m_{k+2}}{\leqq} \cdots \underset{m_n}{\leqq} A_n,$$

und deshalb können wir

$$r = (m_1, \ldots, m_{k-1}, m_{k+1}, \ldots, m_n)$$

wählen.

Im Fall 2 gibt es ein Wort C, so daß

$$A_{k-1} \underset{m_k - 1}{\leqq} C \underset{m_k - 1}{\leqq} A_k$$

gilt. Folglich ist

$$A_0 \underset{m_1}{\leqq} \cdots \underset{m_{k-1}}{\leqq} A_{k-1} \underset{m_k - 1}{\leqq} C \underset{m_k - 1}{\leqq} A_k \underset{m_{k+1}}{\leqq} \cdots \underset{m_n}{\leqq} A_n,$$

und man kann

$$r = (m_1, \ldots, m_{k-1}, m_k - 1, m_k - 1, m_{k+1}, \ldots, m_n)$$

setzen.

Im Fall 3 hat A_k vor der Anwendung der Regel (iv) die $\cap$-kanonische Darstellung

$$A_k \equiv B_1 \dots B_p .$$

Dann ist sicher $p \neq 1$, und es gilt weder Fall 1 noch Fall 2. Daher kann die Ungleichung $\underset{m_{k+1}}{\leqq}$ nur nach den Regeln (ii), (iii), (iv) oder (v) gelten. Die Regeln (iv) und (v) sind aber auch ausgeschlossen, da ihre Anwendung der Wahl der Zahl k widerspricht. Nach der Regel (ii) gilt $A_k \underset{m_{k+1}-1}{\leqq} A_{k+1}$. Aus diesem Grunde darf man

$$r = (m_1, \dots, m_k, m_{k+1} - 1, m_{k+2}, \dots, m_n)$$

setzen. Es bleibt somit nur die Annahme übrig, daß die Ungleichung $\underset{m_{k+1}}{\leqq}$ nach der Regel (iii) gilt. Dann ist aber $B_i \underset{m_{k+1}-1}{\leqq} A_{k+1}$ für ein gewisses i und $A_{k-1} \underset{m_k-1}{\leqq} B_i$ für alle i. Für einen geeigneten Index i gilt also

$$A_0 \underset{m_1}{\leqq} \cdots \underset{m_{k-1}}{\leqq} A_{k-1} \underset{m_k-1}{\leqq} B_i \underset{m_{k+1}-1}{\leqq} A_{k+1} \underset{m_{k+2}}{\leqq} \cdots \underset{m_n}{\leqq} A_n ,$$

und man kann r in der Form

$$r = (m_1, \dots, m_{k-1}, m_k - 1, m_{k+1} - 1, m_{k+2}, \dots, m_n)$$

wählen. Wenn schließlich die Ungleichung $\underset{m_k}{\leqq}$ nach der Regel (v) gilt, erhalten wir die $\cup$-kanonische Darstellung

$$A_k \equiv B_1 + \cdots + B_p .$$

Wie oben überzeugt man sich, daß es genügt, den Fall der Ungleichung $\underset{m_{k+1}}{\leqq}$ unter Verwendung der Regel (ii) zu untersuchen. Folglich ist $A_{k-1} \underset{m_k-1}{\leqq} B_i$ für ein gewisses i und $B_i \underset{m_{k+1}-1}{\leqq} A_{k+1}$ für alle i. Deshalb gilt für einen geeignet gewählten Index i

$$A_0 \underset{m_1}{\leqq} \cdots \underset{m_{k-1}}{\leqq} A_{k-1} \underset{m_k-1}{\leqq} B_i \underset{m_{k+1}-1}{\leqq} A_{k+1} \underset{m_{k+2}}{\leqq} \cdots \underset{m_n}{\leqq} A_n,$$

und man erhält die Zeile

$$r = (m_1, \ldots, m_{k-1}, m_k - 1, m_{k+1} - 1, m_{k+2}, \ldots, m_n)$$

Der Fall 4 wird in dualer Weise behandelt.

Lemma 9. *Gilt*

$$(m_1, \ldots, m_n) \in Q,$$
$$A_0 \underset{m_1}{\leqq} A_1 \underset{m_2}{\leqq} \cdots \underset{m_n}{\leqq} A_n$$

und existieren die Werte $v(A_0)$ *und* $v(A_n)$, *so gilt auch*

$$v(A_0) \leqq_P v(A_n).$$

Für den Beweis betrachten wir die Menge T aller der Zeilen, für die das Lemma 9 falsch ist. Wenn T leer ist, ist alles bewiesen. Andernfalls enthält T nach dem Satz 2.10 ein minimales Element $q = (m_1, \ldots, m_n)$. Dann gilt

$$v(A_0) \not\leqq_P v(A_n).$$

Ist $q = (1)$, so ergibt sich aus der Definition der Relation $\underset{1}{\leqq}$ $A_0 \equiv A_1$ oder $v(A_0) \leqq_P v(A_1)$, was jedoch mit (53) unvereinbar ist. Existiert für ein $i \neq 0$, $i \neq n$ der Wert $v(A_i)$, so folgt aus der Minimalität von q und den offensichtlichen Ungleichungen $(m_1, \ldots, m_i) < q$ und $(m_{i+1}, \ldots, m_n) < q$

$$v(A_0) \leqq_P v(A_i) \leqq_P v(A_n),$$

was erneut die Beziehung (53) verletzt. Also sind die Voraussetzungen von Lemma 8 erfüllt, und aus der Minimalität von q ergibt sich, daß die Ungleichungen

$m_1 > 1$, $m_n > 1$ und einer der folgenden Fälle gelten:

2ii) die Ungleichung $\underset{m_1}{\leqq}$ gilt nach der Regel (ii);

2iii) die Ungleichung $\underset{m_1}{\leqq}$ gilt nach der Regel (iii);

3iv) die Ungleichung $\underset{m_n}{\leqq}$ gilt nach der Regel (iv);

3v) die Ungleichung $\underset{m_n}{\leqq}$ gilt nach der Regel (v).

Fall 2ii). Wir haben die $\cup$-kanonische Darstellung

$$A_0 \equiv B_1 + \cdots + B_m,$$

wobei $B_i \underset{m_1-1}{\leqq} A_1$ für alle i gilt. Wegen

$$v(A_0) = v(B_1) + \cdots + v(B_m)$$

existiert $v(B_i)$ für alle i. Wegen

$$(m_1 - 1, m_2, \ldots, m_n) < q$$

ist $v(B_i) \leqq_P v(A_n)$ für alle i und daher auch $v(A_0) \leqq_P v(A_n)$ im Widerspruch zu (53).

Fall 2iii). Es liegt die $\cap$-kanonische Darstellung

$$A_0 \equiv B_1 \ldots B_m$$

vor, in der zum Beispiel $B_1 \underset{m_1-1}{\leqq} A_1$ ist. Aus

$$v(A_0) = v(B_1) \ldots v(B_m)$$

folgt $A_0 \underset{1}{\leqq} B_1$. Wegen

$$(1, m_1 - 1, m_1, \ldots, m_n) < q$$

gilt $v(A_0) \leqq_P v(A_n)$, im Widerspruch zu (53).

Fall 3iv). Wir verfügen über die $\cap$-kanonische Darstellung

$$A_n \equiv B_1 \ldots B_m,$$

wobei $A_{n+1} \underset{m_n-1}{\leqq} B_i$ für alle i gilt. Außerdem existiert $v(B_i)$ für alle i. Aus der Ungleichung

$$(m_1, \ldots, m_{n-1}, m_n - 1) < q$$

folgt $v(A_0) \leqq_P v(B_i)$ für alle i und daher auch $v(A_0) \leqq_P v(A_n)$ im Widerspruch zu (53).

Fall 3 v). Sei

$$A_n \equiv B_1 + \cdots + B_m$$

die gegebene $\cup$-kanonische Darstellung und zum Beispiel $A_{n-1} \underset{m_n-1}{\leqq} B_1$. Außerdem gilt

$$v(A_n) = v(B_1) + \cdots + v(B_m),$$

woraus sich $B_1 \underset{1}{\leqq} A_n$ herleitet. Wegen

$$(m_1, \ldots, m_{n-1}, m_n - 1, 1) < q$$

erhalten wir $v(A_0) \leqq_P v(A_n)$, was (53) widerspricht.

Lemma 10. *Es sei*

$$q = (m_1, \ldots, m_n) \in Q,$$
$$A_0 \underset{m_1}{\leqq} A_1 \underset{m_2}{\leqq} \cdots \underset{m_n}{\leqq} A_n.$$

A_n habe die $\cup$-kanonische Darstellung der Form

$$A_n \equiv D_1 + \cdots + D_t,$$

und es existiere der Wert $v(A_0)$. Dann existiert entweder der Wert $v(A_n)$, oder es ist $A_0 \leqq_F D_j$ für ein gewisses $j \in \{1, \ldots, t\}$.

Zum Beweis geht man wie beim Lemma 9 davon aus, daß es unter denjenigen Zeilen der teilweise geordneten Menge Q, für die das Lemma 10 nicht gilt, ein minimales Element q gibt. Ist $q = (1)$, so existiert der Wert $v(A_n)$. Wenn für ein $i \neq 0$ und $i \neq n$ der Wert $v(A_i)$ existiert, so erhält man wegen $(m_{i+1}, \ldots, m_n) < q$ für ein gewisses j die Ungleichungen $A_0 \leqq_F A_i \leqq_F D_j$. Gilt die Ungleichung $\underset{m_n}{\leqq}$ nach der Regel (iv), so ist $A_{n-1} \underset{m_n-1}{\leqq} A_n$, was im Widerspruch zur Wahl von q steht. Nach dem Lemma 8 verbleiben folgende Annahmen: Entweder gilt die Ungleichung $\underset{m_n}{\leqq}$ nach der Regel (v), oder aber die Ungleichung $\underset{m_1}{\leqq}$ gilt nach der Regel (ii) oder (iii).

Aus der ersten Annahme folgt $A_{n-1} \underset{m_n-1}{\leqq} D_j$ für ein gewisses j, und folglich $A_0 \leqq_F D_j$. Aus der zweiten Annahme schließt man auf die Existenz der Darstellung

$$A_0 \equiv C_1 + \cdots + C_s$$

oder

$$A_0 \equiv C_1 \ldots C_s,$$

wobei $C_i \underset{m_1-1}{\leqq} A_1$ für alle i bzw. für ein i mit $1 \leqq i \leqq s$ gilt. Weil der Wert $v(C_i)$ existiert, gelten für die entsprechenden i und ein geeignetes j die Ungleichungen $C_i \leqq_F D_j$, aus denen $A_0 \leqq_F D_j$ folgt.

In dualer Form beweist man das

Lemma 11. *Gilt $A_0 \leqq_F A_n$, hat ferner A_0 die $\cap$-kanonische Darstellung der Form $A_0 \equiv C_1 \ldots C_s$ und existiert der Wert $v(A_n)$, dann existiert auch entweder der Wert $v(A_0)$, oder es gilt $C_i \leqq_F A_n$ für ein $i \in \{1, \ldots, s\}$.*

Ferner beweisen wir das

Lemma 12. *Es sei*

$$q = (m_1, \ldots, m_n) \in Q,$$

$$A_0 \equiv C_1 \ldots C_s$$

und

$$A_n \equiv D_1 + \cdots + D_t$$

seien die $\cap$- und $\cup$-kanonischen Darstellungen von A_0 bzw.

A_n, deren Werte $v(A_0)$ und $v(A_n)$ nicht existieren. Ist dann

$$A_0 \underset{m_1}{\leqq} A_1 \underset{m_2}{\leqq} \cdots \underset{m_n}{\leqq} A_n,$$

so gilt $C_i \leqq D_j$ für geeignete i und j.

Wie in den letzten beiden Beweisen sei q ein minimales Element in der Menge aller der Zeilen der teilweise geordneten Menge Q, für welche das Lemma 12 falsch ist. Die Annahme, daß die Ungleichung $\underset{m_1}{\leqq}$ nach der Regel (ii) oder die Ungleichung $\underset{m_n}{\leqq}$ nach der Regel (iv) gilt, führt zum Widerspruch zur Wahl von q. Existiert $v(A_k)$ für einen Index k, so gilt nach Lemma 10 und 11 für gewisse i und j

$$C_i \leqq A_k \leqq D_j.$$

Andernfalls folgt aus dem Lemma 8, daß entweder die Ungleichung $\underset{m_1}{\leqq}$ nach der Regel (iii) oder die Ungleichung $\underset{m_n}{\leqq}$ nach der Regel (v) gilt. Im ersten Fall ist $C_i \underset{m_1-1}{\leqq} A_1$ für ein gewisses i. Existiert $v(C_i)$, dann ist auf Grund von Lemma 10 $C_i \leqq D_j$ für ein j. Existiert aber $v(C_i)$ nicht, so erhalten wir dieselbe Ungleichung unter Berücksichtigung der Tatsache, daß C_i seine eigene $\cap$-kanonische Darstellung ist und daß

$$(m_1 - 1, m_2, \ldots, m_n) < q$$

gilt. Der zweite Fall wird durch eine duale Argumentation bewiesen.

Lemma 13. *Ist $A = \sup_F \{A_1, \ldots, A_m\}$ und existieren alle Werte $v(A), v(A_1), \ldots, v(A_m)$, so gilt*

$$v(A) = \sup_P \{v(A_1), \ldots, v(A_m)\}.$$

Aus den Ungleichungen $A \geqq_F A_i$ für alle i folgen nach Lemma 9 die Ungleichungen $v(A) \geqq_P v(A_i)$ für alle i. Sei $x \in P$ und $x \geqq_P v(A_i)$ für alle i. Betrachtet man x

als Wort vom Gewicht 0, so gilt $x \underset{1}{\geqq} A_i$ für alle i. Folglich gilt $x \geqq_F A_i$ und nach erneuter Anwendung von Lemma 9 $x \geqq_P v(A)$. Das heißt aber gerade

$$v(A) = \sup_P \{v(A_1), \ldots, v(A_m)\}.$$

Durch duale Überlegungen beweist man das

Lemma 14. *Ist* $A = \inf_F \{A_1, \ldots, A_m\}$ *und existieren alle Werte* $v(A), v(A_1), \ldots, v(A_m)$, *so gilt*

$$v(A) = \inf_P \{v(A_1), \ldots, v(A_m)\}.$$

Mit dem im Anschluß an das Lemma 6 definierten Verband F läßt sich der Existenzbeweis für die freie $(\mathfrak{A}, \mathfrak{B})$-Erweiterung einer teilweise geordneten Menge P erbringen. Es gilt der

Satz 1 (Dilworth-Dehn). *Bestehen* $\mathfrak{A}$ *und* $\mathfrak{B}$ *nur aus endlichen Teilmengen, dann ist der Verband* F *die freie* $(\mathfrak{A}, \mathfrak{B})$-*Erweiterung der teilweise geordneten Menge* P.

Beweis. Wir werden in fünf Teilschritten nachweisen, daß der Verband F die in der Definition der freien $(\mathfrak{A}, \mathfrak{B})$-Erweiterung angegebenen Eigenschaften (1) bis (5) hat.

(1). Für $a \in P$ bezeichne $\theta(a)$ das Wort a vom Gewicht 0. Ist $a, b \in P$ und $a \leqq_P b$, dann ist $v(\theta(a)) = a$ und $v(\theta(b)) = b$ und damit auch $\theta(a) \underset{1}{\leqq} \theta(b)$. Ist dagegen $\theta(a) \leqq \theta(b)$, so gilt

$$\theta(a) \underset{m_1}{\leqq} A_1 \underset{m_2}{\leqq} \cdots \underset{m_n}{\leqq} \theta(b),$$

woraus nach dem Lemma 9 die Aussage

$$a = v(\theta(a)) \leqq_P v(\theta(b)) = b$$

folgt. Ist speziell $\theta(a) = \theta(b)$, so muß $a \leqq_P b \leqq_P a$ sein, woraus sich $a = b$ ergibt. Damit ist bewiesen, daß θ ein Isomorphismus der teilweise geordneten Menge P in den Verband F ist.

(2). Diese Eigenschaft ergibt sich ohne Schwierigkeiten aus dem Lemma 7.

(3). Jede Menge des Systems $\mathfrak{A}$ besteht aus endlich vielen Elementen; sei etwa $M \in \mathfrak{A}$ und $M = \{a_1, \ldots, a_m\}$. Wir bilden das Wort

$$A \equiv \theta(a_1) + \cdots + \theta(a_m)$$

(unter Festlegung einer bestimmten Klammerung). Weil nun $v(A) = v\big(\theta(v(A))\big)$ ist, gilt $A \underset{1}{\leqq} \theta\big(v(A)\big) \underset{1}{\leqq} A$, das heißt $A = \theta\big(v(A)\big)$. Daraus lassen sich nach Lemma 7 und Lemma 13 die Gleichungen

$$\sup_F \theta(M) = A = \theta(v(A)) = \theta\,(\sup_P M)$$

ableiten.

(4). Diese Aussage beweist man durch duale Überlegungen.

(5). Seien L und φ wie in der Aussage (5) der Definition gewählt. Für ein Wort A vom Gewicht 0 setzen wir $\psi(A) = \varphi\big(v(A)\big)$. Zu jedem Wort A vom Gewicht $w > 0$ betrachten wir die $\cup$- und die $\cap$-kanonische Darstellung

$$A \equiv A_1 + \cdots + A_h$$

und

$$A \equiv A_1' \ldots A_{h'}'.$$

In einer und nur einer dieser beiden Darstellungen stehen auf der rechten Seite der Gleichung Wörter mit Gewichten kleiner als w. Gilt das für die erste Darstellung, so setzen wir

$$\psi(A) = \sup_L \{\psi(A_i) \mid i = 1, \ldots, h\},$$

und im zweiten Fall sei

$$\psi(A) = \inf_L \{\psi(A_i') \mid i = 1, \ldots, h'\}.$$

Unter der Voraussetzung, daß $v(A)$ existiert, überzeugt man sich sofort, daß

$$\psi(A) = \varphi(v(A))$$

gilt; denn für Wörter vom Gewicht 0 folgt diese Gleichung aus der Definition von ψ. Beim Induktionsschritt für Wörter eines größeren Gewichts macht man von der Tatsache Gebrauch, daß in dem betreffenden Fall die Gesamtheit der Werte aller Glieder der $\cup$-kanonischen (bzw. $\cap$-kanonischen) Darstellung zur Menge $\mathfrak{A}$ (bzw. $\mathfrak{B}$) gehört. Daher gilt

$$\begin{aligned}\psi(A) &= \sup_L \{\psi(A_i)\} = \sup_L \{\varphi(v(A_i))\}\\ &= \varphi(\sup_P \{v(A_i)\}) = \varphi(v(A))\end{aligned}$$

oder

$$\begin{aligned}\psi(A) &= \inf_L \{\psi(A_i')\} = \inf_L \{\varphi(v(A_i'))\}\\ &= \varphi(\inf_P \{v(A_i')\}) = \varphi(v(A)).\end{aligned}$$

Wir zeigen ferner, daß aus $A \underset{n}{\leqq} B$ stets $\psi(A) \leqq_L \psi(B)$ folgt. Für $n = 1$ und $A \equiv B$ gilt offensichtlich $\psi(A) \leqq_L \psi(B)$. Aus $v(A) \leqq_P v(B)$ erhält man auch allgemein mit Hilfe von (54)

$$\psi(A) = \varphi(v(A)) \leqq \varphi(v(B)) = \psi(B).$$

Sei nun $A \underset{n}{\leqq} B$ nach der Regel (i). Aus der Induktionsvoraussetzung folgt dann

$$\psi(A) \leqq_L \psi(C) \leqq_L \psi(B).$$

Durch Anwendung der Regeln (ii) oder (iv) ergibt sich $\psi(A_i) \leqq_L \psi(B)$ oder $\psi(A) \leqq_L \psi(B_i)$ für alle $i \in \{1, \ldots, m\}$. Daher gilt

$$\psi(A) = \sup_L \{\psi(A_i)\} \leqq_L \psi(B)$$

oder

$$\psi(A) \leqq_L \inf_L \{\psi(B_i)\} = \psi(B).$$

Wurden schließlich die Regeln (iii) oder (v) benutzt, so existieren Zahlen i_0 und j_0 mit der Eigenschaft $\psi(A_{i0}) \leqq_L \psi(B)$ bzw. $\psi(A) \leqq_L \psi(B_{j0})$. Daraus ergibt sich

$$\psi(A) = \inf_L \{\psi(A_i)\} \leqq_L \psi(A_{i0}) \leqq_L \psi(B)$$

oder

$$\psi(A) \leqq_L \psi(B_{j0}) \leqq_L \sup \{\psi(B_j)\} = \psi(B).$$

Damit haben wir bewiesen, daß $A \leqq_F B$ stets $\psi(A) \leqq_L \psi(B)$ nach sich zieht. Ist speziell $A = B$, so auch $\psi(A) = \psi(B)$. Folglich ist ψ eine isotone Abbildung des Verbandes F in den Verband L mit der Eigenschaft $\psi(\theta(x)) = \varphi(v(\theta(x))) = \varphi(x)$ für alle $x \in P$. Ist $C \equiv A + B$, so betrachten wir die $\cup$-kanonischen Darstellungen

$$A \equiv A_1 + \cdots + A_m$$

und

$$B \equiv B_1 + \cdots + B_n.$$

Unter Berufung auf den Satz 1.4 erhalten wir dann

$$\begin{aligned}\psi(A + B) &= \sup_L \{\psi(A_1), \ldots, \psi(A_m), \psi(B_1), \ldots, \psi(B_n)\}\\ &= \sup_L \{\sup_L \{\psi(A_i)\}, \sup_L \{\psi(B_j)\}\}\\ &= \sup_L \{\psi(A), \psi(B)\} = \psi(A) + \psi(B).\end{aligned}$$

Duale Schlußweisen ergeben die Gleichung

$$\psi(AB) = \psi(A)\,\psi(B).$$

Also ist ψ ein Verbands-Homomorphismus.

Die freie Erweiterung der trivial teilweise geordneten n-elementigen Menge $M = \{x_1, \ldots, x_n\}$ bezeichnen wir mit dem Symbol $FL(n)$. Die Elemente $x_1, \ldots, x_n$ heißen *freie Erzeugende*. Man überzeugt sich leicht, daß $FL(2)$ der auf der Abb. 5 dargestellte vierelementige Verband ist. Die Elemente a und b sind seine freien Erzeugenden.

Satz 2 (Whitman). *Die Elemente $u_1, \ldots, u_m$ des Verbandes $F = FL(n)$ sind dann und nur dann freie Er-*

zeugende des von ihnen erzeugten Teilverbandes, wenn für jedes $i \in \{1, \ldots, m\}$

$$u_i \not\leq u_1 + \cdots + u_{i-1} + u_{i+1} + \cdots + u_m$$

und

$$u_i \not\geq u_1 \ldots u_{i-1} u_{i+1} \ldots u_m$$

gilt.

Beweis. Bezeichne U den von den Elementen $u_1, \ldots, u_m$ erzeugten Teilverband des Verbandes F. Wenn $U = FL(m)$ mit den freien Erzeugenden $u_1, \ldots, u_m$ ist, aber z. B.

$$u_m \leqq u_1 + \cdots + u_{m-1}$$

oder

$$u_m \geqq u_1 \ldots u_{m-1}$$

gilt, so bilden wir die Menge $\{u_1, \ldots, u_m\}$ in den Verband $FL(2)$ (Abb. 5) ab, indem wir $\varphi(u_m) = a$ und $\varphi(u_1) = \cdots = \varphi(u_{m-1}) = b$ setzen. Nach der Eigenschaft

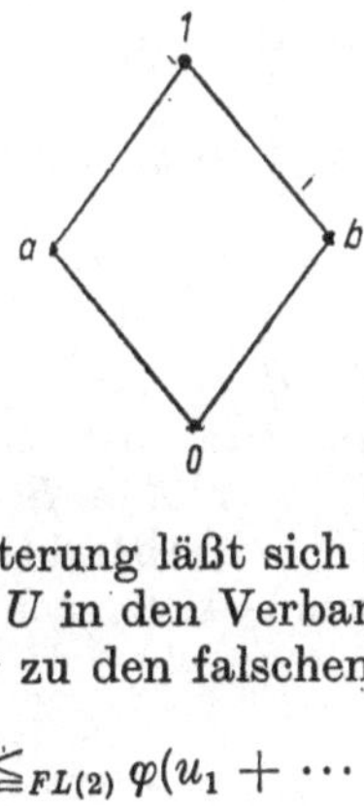

Abb. 5

(5) der freien Erweiterung läßt sich φ als Homomorphismus des Verbandes U in den Verband $FL(2)$ interpretieren. Das führt aber zu den falschen Beziehungen

$$a = \varphi(u_m) \leqq_{FL(2)} \varphi(u_1 + \cdots + u_{m-1}) = b$$

oder

$$a = \varphi(u_m) \geqq_{FL(2)} \varphi(u_1, \ldots, u_{m-1}) = b.$$

Wir nehmen jetzt an, daß die Elemente $u_1, \ldots, u_m$ den

Bedingungen (55) und (56) genügen, und betrachten den Verband $G = FL(m)$. Wie die im Verlauf des Beweises von Satz 1 durchgeführte Konstruktion der freien Erweiterung zeigt, sind die Verbände F und G Faktormengen der Mengen aller Wörter $\mathfrak{F}$ und $\mathfrak{G}$ im Alphabet $\{x_1, \ldots, x_n\}$ bzw. $\{y_1, \ldots, y_m\}$. In der Menge $\mathfrak{F}$ fixieren wir die Wörter $U_1, \ldots, U_m$, die bei der natürlichen Abbildung die Elemente $u_1, \ldots, u_m$ als Bilder haben. Durch folgende Festlegung wird eine Abbildung Φ der Menge $\mathfrak{G}$ in die Menge $\mathfrak{F}$ konstruiert:

$$\Phi(y_i) \equiv U_i \; (i = 1, \ldots, m),$$

$$\Phi(A + B) \equiv \Phi(A) + \Phi(B)$$

und

$$\Phi(AB) \equiv \Phi(A)\, \Phi(B).$$

Dabei haben die Symbole $=, \equiv, \underset{p}{\leqq}, \leqq$ dieselbe Bedeutung wie beim Beweis von Satz 1. Ebenso bezeichne wieder $w(A)$ das Gewicht des Wortes A und $\bar{A}$ das Bild eines Wortes A aus $\mathfrak{F}$ oder $\mathfrak{G}$ in den Verbänden F bzw. G. Außerdem werden die vor dem Satz 1 bewiesenen Lemmata benötigt.

(a) Für $A \in \mathfrak{G}$ und $\bar{A} \ngeqq \bar{y}_i$ gilt

$$\bar{A} \leqq \bar{y}_1 + \cdots + \bar{y}_{i-1} + \bar{y}_{i+1} + \cdots + \bar{y}_m.$$

Ist $w(A) = 0$, so gilt diese Behauptung offensichtlich, da dann $A \equiv y_j$ mit $i \neq j$ ist. Sei daher $w(A) > 0$. Dann ist $A \equiv B + C$ oder $A \equiv BC$ mit $w(B) < w(A)$, $w(C) < w(A)$. Weil G ein Verband ist, gilt im ersten Fall $\bar{B} \ngeqq \bar{y}_i$, $\bar{C} \ngeqq \bar{y}_i$, woraus sich nach der Induktionsvoraussetzung

$$\bar{B}, \bar{C} \leqq \bar{y}_1 + \cdots + \bar{y}_{i-1} + \bar{y}_{i+1} + \cdots + \bar{y}_m$$

ergibt. Die gesuchte Ungleichung ist eine offensichtliche Folgerung dieser Beziehungen. Im zweiten Fall folgt o. B. d. A. $\bar{B} \ngeqq \bar{y}_i$. Aus der Induktionsvoraussetzung erhält man dann die Ungleichung

$$\bar{A} \leqq \bar{B} \leqq \bar{y}_1 + \cdots + \bar{y}_{i-1} + \bar{y}_{i+1} + \cdots + \bar{y}_m.$$

Aus Dualitätsgründen gilt auch die Aussage

(b) Für $A \in \mathfrak{G}$ und $\bar{A} \lneqq \bar{y}_i$ ist

$$\bar{A} \geqq \bar{y}_1 \cdots \bar{y}_{i-1}\bar{y}_{i+1} \cdots \bar{y}_m$$

(c) Ist $A \underset{p}{\leq} B$, so ist $\overline{\Phi(A)} \leqq \overline{\Phi(B)}$.

Für $p = 1$ muß wegen der trivialen Ordnung der Menge $\{y_1, \ldots, y_m\}$ $A \equiv B$ sein, folglich ist $\overline{\Phi(A)} = \overline{\Phi(B)}$. Für $p > 1$ existiert im Falle der Regel (i) ein $C \in \mathfrak{G}$ mit $A \underset{p-1}{\leqq} C \underset{p-1}{\leqq} B$. Daraus folgt $\overline{\Phi(A)} \leqq \overline{\Phi(C)} \leqq \overline{\Phi(B)}$ nach Induktionsvoraussetzung. Im Falle der Regel (ii) ergibt die $\cup$-kanonische Darstellung $A \equiv A_1 + \cdots + A_m$ zunächst $A_i \underset{p-1}{\leqq} B$ für alle i und anschließend $\Phi(A) \equiv \Phi(A_1) + \cdots + \Phi(A_m)$ sowie $\overline{\Phi(A_i)} \leqq \overline{\Phi(B)}$ für alle i. Daraus folgt dann wieder $\overline{\Phi(A)} \leqq \overline{\Phi(B)}$. Entsprechend erhält man nach der Regel (iii) in der $\cap$-kanonischen Darstellung $A \equiv A_1 \cdots A_m$ die Existenz eines A_i mit $A_i \underset{p-1}{\leqq} B$. Aus der Induktionsvoraussetzung schließt man auf die Ungleichung

$$\overline{\Phi(A)} \leqq \overline{\Phi(A_i)} \leqq \overline{\Phi(B)}.$$

In analoger Weise werden die übrigen Fälle der Regeln (iv) und (v) behandelt.

(d) Ist $B \in \mathfrak{G}$ und $u_i \leqq \overline{\Phi(B)}$, so ist $\bar{y}_i \leqq \bar{B}$.

In der Tat führt die Annahme $\bar{y}_i \lneqq \bar{B}$ unter Berücksichtigung von (a) und (b) auf

$$u_i = \bar{U}_i \leqq \overline{\Phi(B)} \leqq \overline{\Phi(y_1 + \cdots + y_{-1} + y_{i+1} + \cdots + y_m)}$$
$$= u_1 + \cdots + u_{i-1} + u_{i+1} + \cdots + u_m;$$

dies widerspricht aber der Voraussetzung (55) des Satzes 2.

Durch duale Überlegungen beweist man die Aussage

(e) Ist $A \in \mathfrak{G}$ und $\overline{\Phi(A)} \leqq u_i$, so ist $\bar{A} \leqq \bar{y}_i$.

(f) Aus $\overline{\Phi(A)} \leqq \overline{\Phi(B)}$ folgt stets $\bar{A} \leqq \bar{B}$.

Zum Beweis gehen wir von der teilweise geordneten Menge Z aus, die sich als lexikographisches Produkt zweier Ketten der nichtnegativen ganzen Zahlen ergibt. Z erfüllt die Minimalbedingung. Wir betrachten die Menge T aller Paare (ξ, η) aus Z, deren Komponenten $\xi = w(A)$ und $\eta = w(B)$ Gewichte gewisser Wörter A und B sind, für die die Aussage (e) nicht gilt. Wenn T leer ist, ist alles bewiesen. Im umgekehrten Fall sei o. B. d. A. $(w(A), w(B))$ ein minimales Element von T. Aus (d) und (e) ergibt sich dann, daß $w(A) \neq 0$ und $w(B) \neq 0$ ist. Daher existieren für die Elemente A und B die $\cup$- oder $\cap$-kanonischen Darstellungen

$$A \equiv A_1 + \cdots + A_s \quad \text{oder} \quad A \equiv A_1 \cdots A_s$$

und

$$B \equiv B_1 + \cdots + B_t \quad \text{oder} \quad B \equiv B_1 \cdots B_t$$

mit $w(A_i) < w(A)$ und $w(B_i) < w(B)$.

Besteht für A die $\cup$-kanonische Darstellung, so gilt nach (b)

$$\overline{\Phi(A_i)} \leqq \overline{\Phi(A)} \leqq \overline{\Phi(B)}$$

für alle i. Weil aber

$$\big(w(A_i), w(B)\big) < \big(w(A), w(B)\big)$$

ist, muß für alle i $\bar{A}_i \leqq \bar{B}$ und somit auch $\bar{A} \leqq \bar{B}$ sein. Analog widerlegt man den Fall, in dem für B die $\cap$-kanonische Darstellung besteht.

Im folgenden kann man annehmen, daß

$$\Phi(A) \equiv \Phi(A_1) \cdots \Phi(A_s)$$

und

$$\Phi(B) \equiv \Phi(B_1) + \cdots + \Phi(B_t)$$

gilt. Diese Darstellungen lassen sich zu $\cap$- bzw. $\cup$-kanonischen Darstellungen fortsetzen, deren Glieder wir mit C_i bzw. D_j bezeichnen wollen. Existiert der Wert $v(\Phi(A))$, dann gibt es einen Index l mit $\Phi(A) \equiv x_l$. Das ist nur so möglich, daß $A \equiv y_h$ mit geeignet gewähltem h ist, weil nach Definition der Abbildung Φ die Bilder aller übrigen Wörter von Null verschiedene Gewichte haben. Unter diesen Bedingungen gilt aber nach (d) $\bar{A} \leqq \bar{B}$. Wenn der Wert $v(\Phi(A))$ nicht existiert, erhalten wir unter Berufung auf Lemma 11 oder 12 für geeignet gewählte Indizes i, j und k eine der Ungleichung

$$\Phi(A_k) \leqq C_i \leqq \Phi(B)$$

oder

$$\Phi(A_k) \leqq C_i \leqq D_j \leqq \Phi(B).$$

Wegen $(w(A_k), w(B)) < (w(A), w(B))$ folgt hieraus

$$\bar{A} \leqq \bar{A}_k \leqq \bar{B}.$$

Jetzt können wir uns dem Beweis von Satz 2 zuwenden. Sei dazu $A, B \in \mathfrak{G}$. Aus $\bar{A} = \bar{B}$ folgen nach (c) die Ungleichungen

$$\overline{\Phi(A)} \leqq \overline{\Phi(B)} \leqq \overline{\Phi(A)},$$

d. h. $\overline{\Phi(A)} = \overline{\Phi(B)}$. Aus demselben Grund folgt aus $\bar{A} \leqq \bar{B}$ die Ungleichung $\overline{\Phi(A)} \leqq \overline{\Phi(B)}$. Φ induziert also eine isotone Abbildung $\bar{\Phi}$ des Verbandes G auf den Teilverband U von F, der von den Elementen $u_1, \ldots, u_m$ erzeugt wird. Aus $\bar{\Phi}(A) \leqq \bar{\Phi}(B)$ folgt nach (f) $\bar{A} \leqq \bar{B}$. Ist speziell $\bar{\Phi}(A) \leqq \bar{\Phi}(B) \leqq \bar{\Phi}(A)$, so ergibt sich $\bar{A} = \bar{B}$. Deshalb ist $\bar{\Phi}$ ein Isomorphismus, was zu zeigen war.

Satz 3 (Whitman). *$FL(3)$ enthält $FL(n)$ für alle n.*

Beweis. Sei $\{x_1, x_2, x_3\}$ ein System von freien Erzeugenden des Verbandes $FL(3)$. Wir setzen

$$u_1 \equiv x_1(x_2 + x_3) + x_2(x_1 + x_3),$$
$$u_2 \equiv x_1(x_2 + x_3) + x_3(x_1 + x_2),$$
$$u_3 \equiv (x_1 + x_2x_3)(x_2 + x_1x_3)$$

und

$$u_4 \equiv (x_1 + x_2x_3)(x_3 + x_1x_2).$$

Betrachten wir nun die auf der Abb. 6 dargestellten Verbände S und T. Wir konstruieren vier Homomorphismen φ_i $(i = 1, 2, 3, 4)$ des Verbandes $FL(3)$ in die Verbände S und T, die folgenden Forderungen genügen:

1) $\varphi_1(x_1) = y_1,\ \varphi_1(x_2) = y_2,\ \varphi_1(x_3) = y_3;$

2) $\varphi_2(x_1) = y_1,\ \varphi_2(x_2) = y_3,\ \varphi_2(x_3) = y_2;$

3) $\varphi_3(x_1) = z_1,\ \varphi_3(x_2) = z_3,\ \varphi_3(x_3) = z_2;$

4) $\varphi_4(x_1) = z_1,\ \varphi_4(x_2) = z_2,\ \varphi_4(x_3) = z_3.$

Dann gilt

$$\varphi_1(u_1) = y_1d + y_2b = 0 + a = a,$$
$$\varphi_1(u_2) = y_1d + y_31 = 0 + y_3 = y_3,$$
$$\varphi_1(u_3) = (y_1 + 0)(y_2 + 0) = 0,$$
$$\varphi_1(u_4) = (y_1 + 0)(y_3 + 0) = 0.$$

Wäre nun $u_1 \leqq u_2 + u_3 + u_4$, so würde

$$a = \varphi_1(u_1) \leqq \varphi_1(u_2) + \varphi_1(u_3) + \varphi_1(u_4)$$
$$\leqq y_3 + 0 + 0 = y_3$$

folgen, was sicher falsch ist. In analoger Weise führt man die folgenden Ungleichungen unter Verwendung der Homomorphismen φ_2, φ_3 und φ_4 zum Widerspruch:

$$u_2 \leqq u_1 + u_3 + u_4,\quad u_3 \leqq u_1 + u_2 + u_4$$

und

$$u_4 \leqq u_1 + u_2 + u_3.$$

Durch duale Schlußweisen beweist man die Unmöglichkeit der Ungleichungen $u_1 \geqq u_2u_3u_4$, $u_2 \geqq u_1u_3u_4$, $u_3 \geqq u_1u_2u_4$ und $u_4 \geqq u_1u_2u_3$.

Insgesamt erfüllen daher die Elemente u_1, u_2, u_3, u_4 das Kriterium des Satzes 2 und erzeugen infolgedessen den Verband $FL(4)$. Es gilt also der

Hilfssatz 1. *$FL(3)$ enthält $FL(4)$.*

Hilfssatz 2. *Sind $\{y_1, \ldots, y_m\}$ freie Erzeugende des Verbandes $F = FL(m)$ und ist a ein Element des Teilverbandes G von F, der von den Elementen $\{y_1, \ldots, y_{m-1}\}$ erzeugt wird, dann gilt $a \leqq y_1 + \cdots + y_{m-1}$.*

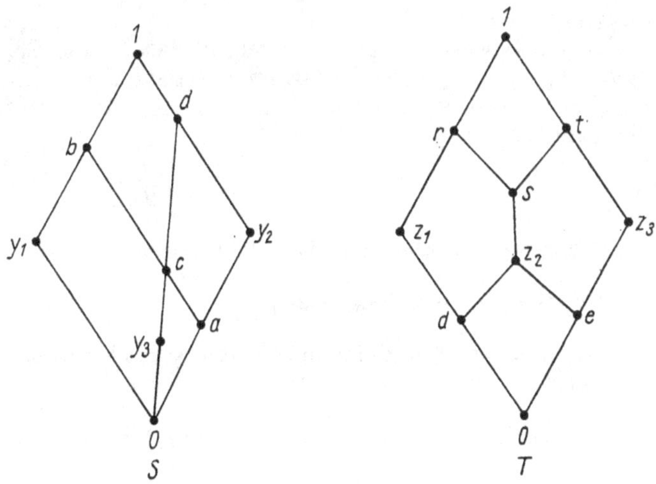

Abb. 6

Die zu beweisende Ungleichung gilt zunächst für den Fall, daß das Gewicht des Elementes a gleich Null ist. Hat a ein größeres Gewicht, so läßt es sich in der Form $a = b + c$ oder $a = bc$ darstellen, wobei b und c von kleinerem Gewicht sind. Wir brauchen nur auf b und c die

Induktionsvoraussetzung anzuwenden und erhalten

$$\begin{aligned} a = b + c &\leqq (y_1 + \cdots + y_{m-1}) + (y_1 + \cdots + y_{m-1}) \\ &= y_1 + \cdots + y_{m-1} \end{aligned}$$

oder

$$\begin{aligned} a = bc &\leqq (y_1 + \cdots + y_{m-1})\,(y_1 + \cdots + y_{m-1}) \\ &= y_1 + \cdots + y_{m-1}. \end{aligned}$$

Hilfssatz 3. *Sind mit den Bezeichnungen aus dem Hilfssatz 2 die Elemente* $u_1, \ldots, u_s \in G$ *freie Erzeugende des Verbandes* $FL(s)$, *dann erzeugen die Elemente* $\{u_1, \ldots, u_s, y_m)$ *den Verband* $FL(s + 1)$.

Für den Beweis genügt es zu zeigen, daß für die Elemente $u_1, \ldots, u_s, y_m$ das Kriterium von Satz 2 gilt. Aus $y_m \leqq u_1 + \cdots + u_s$ ergeben sich nach dem Hilfssatz 2 die Ungleichungen

$$y_m \leqq u_1 + \cdots + u_s \leqq y_1 + \cdots + y_{m-1}.$$

Sie widersprechen aber dem Satz 2. Ist andererseits

$$u_i \leqq u_1 + \cdots + u_{i-1} + u_{i+1} + \cdots + u_s + y_m,$$

so betrachten wir den Homomorphismus ψ des Verbandes F in sich, der durch

$$\psi(y_j) = y_j \quad (j = 1, \ldots, m-1) \quad \text{und} \quad \psi(y_m) = u_1 \ldots u_s$$

gegeben wird. Für ihn gilt

$$\begin{aligned} u_i = \psi(u_i) &\leqq u_1 + \cdots + u_{i-1} + u_{i+1} + \cdots + u_s \\ &+ u_1 \ldots u_s \leqq u_1 + \cdots + u_{i-1} + u_{i+1} + \cdots + u_m, \end{aligned}$$

was erneut dem Satz 2 widerspricht. Damit haben wir die Aussage (55) aus dem Satz 2 bewiesen. In dualer Form ergibt sich die Aussage (56).

Hilfssatz 4. *Für jedes* $m \geqq 3$ *ist* $FL(m+1)$ *in* $FL(m)$ *enthalten.*

Der Anfangsschritt zum Beweis dieser Aussage ist durch den Hilfssatz 1 gegeben. Unter Zugrundelegung der Bezeichnungen aus dem Hilfssatz 2 zeichnen wir nach Induktionsvoraussetzung im Verband G Elemente $u_1, \ldots, u_m$ aus, die $FL(m)$ erzeugen. Nach dem Hilfssatz 3 erzeugen dann die Elemente $u_1, \ldots, u_m, y_m$ den Verband $FL(m+1)$.

Der Beweis des Satzes 3 ist nun einfach. Der Fall $n = 4$ wurde im Hilfssatz 1 erledigt. Mit $FL(n)$ $(n \geqq 4)$ enthält $FL(3)$ nach dem Hilfssatz 4 aber auch stets $FL(n+1)$.

Als triviale Folgerung aus dem Satz 3 formulieren wir den

Satz 4. *Für* $n \geqq 3$ *ist der Verband* $FL(n)$ *unendlich.*

$FL(1)$ und $FL(2)$ sind die einzigen endlichen freien Verbände. Es stellt sich außerdem heraus, daß alle übrigen freien Verbände nicht vollständig sind.

Satz 5. *Sei* F *die freie Erweiterung einer teilweise geordneten Menge* P. u_1, u_2, u_3 *seien Elemente aus* P *derart, daß für eine beliebige Permutation* (i, j, k) *der Zahlen* $1, 2, 3$ *folgendes gilt:*

(I) *Ist* $x \equiv u_i$, $y \equiv u_j$ *und* $z \equiv u_k$, *so gilt* $x \nleqq_F y + z$ *und* $x \ngeqq_F yz$.

(II) *Ist* $x \equiv u_i$, $y \equiv u_j$, $z \equiv u_k$, $a \in P$ *und existiert der Wert* $v(x + y(z + x(y + za)))$, *so gilt*

$$a \neq x + y(z + x(y + za)).$$

(III) *Ist* $x \equiv u_i$, $y \equiv u_j$, $z \equiv u_k$, $a \in P$ *und existiert der Wert* $v\big(x\big(y + z(x + y(z + a))\big)\big)$, *so gilt*

$$a \neq x\big(y + z(x + y(z + a))\big).$$

Dann ist F *kein vollständiger Verband. Darüber hinaus gelten die Eigenschaften* (II) *und* (III) *für ein beliebiges Element* a *des Verbandes* F.

Beweis. Nach dem Satz 1 ist der Verband F die Faktormenge der Menge aller Wörter, welche zu Beginn dieses Paragraphen konstruiert wurde. Die Elemente der teilweise geordneten Menge P lassen sich mit den entsprechenden Wörtern vom Gewicht 0 identifizieren. Die oben eingeführten Symbole $=$, $\equiv$, $v(A)$ (für den Wert eines Wortes A) und $w(A)$ (für das Gewicht von A) verwenden wir in derselben Bedeutung. Ein Wort A heiße *reduziert*, wenn für seine $\cup$- und $\cap$-kanonischen Zerlegungen

$$A \equiv A_1' + \cdots + A_m'$$

und

$$A \equiv A_1'' \ldots A_n''$$

für jedes i und jedes A_0, wobei A_0 das leere Symbol oder ein Wort A_0 mit $w(A_0) < w(A_i)$ für alle i bezeichnet, folgendes gilt:

$$A \neq A_1' + \cdots + A_{i-1}' + A_0 + A_{i+1}' + \cdots + A_m'$$

und

$$A \neq A_1'' \ldots A_{i-1}'' A_0 A_{i+1}'' \ldots A_n''.$$

Ein Wort heißt *vollständig reduziert*, wenn es selbst und alle seine Teilwörter reduziert sind. Ein vollständig reduziertes Wort A soll *minimal* genannt werden, wenn $A = B$ die Ungleichung $w(A) \leqq w(B)$ impliziert. Sind alle Teilwörter eines minimalen Wortes ebenfalls minimal, so wird es als *vollständig minimal* bezeichnet. Für den Beweis von Satz 5 beweisen wir eine Reihe von Hilfssätzen.

Hilfssatz 1. *Zu jedem Wort B existiert ein vollständig minimales Wort A mit $A = B$.*

Ein Wort vom Gewicht Null ist sicher vollständig minimal. Sei also B ein beliebiges Wort, dessen Gewicht ungleich Null ist. Unter allen Wörtern im Verband F, die gleich B sind, gibt es ein Wort C mit kleinstem Gewicht. Ist $w(C) = 0$, so setzen wir $A = C$. Ist dagegen etwa $C \equiv C'C''$ und $w(C') \leqq w(C)$, $w(C'') \leqq w(C)$, dann existieren nach der Induktionsannahme vollständig minimale Wörter A' und A'', so daß $A' = C'$ und $A'' = C''$ ist. Man erkennt unmittelbar, daß das Wort $A \equiv A'A''$ die verlangten Eigenschaften besitzt.

Hilfssatz 2. *Ist A ein minimales Wort mit $w(A) \neq 0$ und $A = B$, dann existiert der Wert $v(B)$ nicht.*

Aus der Existenz von $v(B)$ folgt nämlich

$$A \leqq B \underset{1}{\leqq} v(B) \underset{1}{\leqq} B \leqq A.$$

Also ist $A = v(B)$. Dann gilt aber $w\big(v(B)\big) = 0 < w(A)$, was der Minimalität von A widerspricht.

Hilfssatz 3. *Sei A ein minimales Wort, $w(A) \neq 0$ und $A = a + B$, wobei $a \in P$ und $a \nleqq B$ ist. Dann ist $A \equiv A_1 + A_2$ mit $A_1 = a$, $A_2 = B$ oder $A_1 = B$, $A_2 = a$.*

Für den Beweis gehen wir von der $\cup$-kanonischen Darstellung

$$A \equiv A_1 + \cdots + A_m$$

aus. Der vorhergehende Hilfssatz 2 erlaubt uns, auf die Ungleichung

$$a \leqq A_1 + \cdots + A_m$$

das Lemma 10 anzuwenden. Nach eventuell notwendiger geeigneter Umnumerierung erhält man $a \leqq A_1$.

Nach demselben Prinzip erhält man durch Anwendung von Lemma 10 oder 12 auf

$$A_1 \leqq a + B$$

die Ungleichung $A_1 \leqq a$ oder $A_1 \leqq B$ oder $E \leqq a + B$ mit einem Wort E, für das $E \geqq A_1$ und $w(E) < w(A_1)$ gilt.

Die zweite Aussage führt jedoch auf die Ungleichung

$$a \leqq A_1 \leqq B,$$

die der Voraussetzung $a \nleqq B$ widerspricht.

Ebenso folgt aus der dritten

$$A \leqq E + A_2 + \cdots + A_m \leqq a + B + A_2 + \cdots + A_m \leqq A$$

und damit ein Widerspruch, da A insbesondere reduziert sein sollte. Somit bleibt $a \leqq A_1 \leqq a$, d. h. $A_1 = a$. Aus der Minimalität von A ergibt sich auch $A \neq A_1$. Die Anwendung von Lemma 10 oder 12 auf

$$A_2 \leqq a + B$$

führt zu der Ungleichung $A_2 \leqq B$ oder $A_2 \leqq a$, oder $E \leqq a + B$ mit einem Wort E, für das $E \geqq A_2$ und $w(E) \leqq w(A_2)$ gilt. Wegen $A_1 = a$ ergibt die zweite Aussage die Gleichung

$$A = A_1 + A_3 + \cdots + A_m,$$

die der Reduziertheit von A ebenso widerspricht, wie die aus der dritten Aussage ableitbare Beziehung

$$A \leqq A_1 + E + A_3 + \cdots + A_m \leqq A_1 + a + B + A_3 + \cdots + A_m \leqq A.$$

Damit ist $A_2 \leqq B$. Wenden wir schließlich Lemma 10 oder 12 auf die Ungleichung

$$B \leqq A_1 + \cdots + A_m$$

an, so ergibt sich $B \leqq A_i$ für einen geeigneten Index i. Für $i \neq 2$ gilt $A_2 \leqq B \leqq A_i$, woraus

$$A = A_1 + A_3 + \cdots + A_m$$

im Widerspruch zur Reduziertheit des Wortes A folgt. Folglich ist $A_2 \leqq B \leqq A_2$, d. h. $A_2 = B$. Dann gilt aber

$$A = A_1 + A_2,$$

und aus der Reduziertheit von A ergibt sich $A \equiv A_1 + A_2$ mit $A_1 = a$ und $A_2 = B$. Da wir im Verlauf des Beweises die Numerierung geändert haben, kann auch $A_1 = B$ und $A_2 = a$ sein.

Aus Dualitätsgründen gilt der

Hilfssatz 4. *Sei A ein minimales Wort, $w(A) \neq 0$ und $A = aB$, wobei $a \in P$ und $a \ngeq B$ ist. Dann ist $A \equiv A_1 A_2$ mit $A_1 = a$, $A_2 = B$ oder $A_1 = B$, $A_2 = a$.*

Hilfssatz 5. *Für jedes $a \in P$ gilt*

$$a \neq x + y\bigl(z + x(y + za)\bigr)$$

und

$$a \neq x\bigl(y + z(x + y(z + a))\bigr).$$

Für den Beweis nehmen wir an, daß

$$a = x + y\bigl(z + x(y + za)\bigr)$$

gilt und setzen dann

$$U \equiv z + x(y + za).$$

Nach Induktionsvoraussetzung folgt aus der Existenz des Wertes $v(yU)$ nach dem Lemma 13

$$a = \sup_P \{x, v(yU)\}.$$

Weil aber $\mathfrak{A}$ alle summierbaren Paare von Elementen aus P enthält, existiert auch der Wert

$$v(x + yU),$$

im Widerspruch zur Bedingung (II).

Existiert dagegen $v(yU)$ nicht, leitet man durch Anwendung von Lemma 11 auf $yU \lneqq a$ die Ungleichung

$$y \leqq a = x + yU \leqq x + U \leqq x + z$$

oder

$$z \leqq U \leqq a \leqq x + y$$

ab. Beide Ungleichungen verletzen jedoch die Bedingung (I).

Die zweite Aussage des Hilfssatzes 5 beweist man durch duale Überlegungen.

Hilfssatz 6. *Für jedes* $A \in F$ *gilt*

$$A \neq x + y\big(z + x(y + zA)\big)$$

und

$$A \neq x\big(y + z(x + y(z + A))\big).$$

Wir nehmen an, daß die Gleichung

$$A = x + y\big(z + x(y + zA)\big)$$

gilt. Nach dem soeben bewiesenen Hilfssatz 5 ist $w(A) \neq 0$. Der Hilfssatz 1 gestattet ferner, A als vollständig minimales Wort anzunehmen. Wir setzen

$$C \equiv z + x(y + zA)$$

und

$$D \equiv y + zA$$

und untersuchen die Gleichung

$$A = x + yC.$$

Aus $x \leqq yC$ folgt $x \leqq yC \leqq y + z$, entgegen der Bedingung (I). Die Anwendung des Hilfssatzes 3 führt auf die Gleichung

$$A \equiv A' + A_1$$

oder

$$A \equiv A_1 + A'$$

mit $A' = x$ und $A_1 = yC$.

Ist nun $w(A_1) = 0$, d. h. $A_1 \in P$, so widerspricht die

Gleichung

$$A_1 = y(z + x(y + zA)) = y(z + x(y + z(x + A_1)))$$

dem Hilfssatz 5. Es kann also nur $w(A_1) \neq 0$ sein. Da die Ungleichung $y \geqq C$ auf die Beziehung

$$x + y \geqq y \geqq C \geqq z$$

führt und diese der Bedingung (I) widerspricht, ist es möglich, auf die Gleichung $A_1 = yC$ den Hilfssatz 4 anzuwenden. Folglich ist $A_1 \equiv A''A_2$ oder $A_1 \equiv A_2A''$ mit $A'' = y$ und $A_2 = C = z + xD$. Wie oben führt die Annahme $w(A_2) = 0$ auf eine Gleichung der Form

$$A_2 = z + x(y + zA) = z + x(y + z(x + yC))$$
$$= z + x(y + z(x + yA_2)),$$

die dem Hilfssatz 5 widerspricht. Ebenso braucht man für den Fall $w(A_2) \neq 0$ nur zu berücksichtigen, daß aus der Ungleichung $z \leqq xD$ ein Widerspruch zur Bedingung (I) in Form der Beziehung

$$z \leqq xD \leqq x + y$$

folgt. Man kann daher den Hilfssatz 3 auf die Gleichung

$$A_2 = z + xD$$

anwenden. Dabei ergibt sich

$$A_2 \equiv A''' + A_3$$

oder

$$A_2 \equiv A_3 + A'''$$

mit $A''' = z$ und $A_3 = xD$.

Ist $w(A_3) = 0$, so gilt

$$A_3 = x(y + zA) = x(y + z(x + yC))$$
$$= x(y + z(x + y(z + xD))) = x(y + z(x + y(z + A_3))),$$

im Widerspruch zum Hilfssatz 5. Aus $x \geqq D$ erhält man

$$x + z \geqq D \geqq y,$$

was mit der Bedingung (I) unvereinbar ist. Infolgedessen braucht man nur auf die Gleichung $A_3 = xD$ den Hilfssatz 5 anzuwenden, um $A_3 \equiv A^{IV} A_4$ oder $A_3 \equiv A_4 A^{IV}$ zu erhalten, mit $A^{IV} = x$ und $A_4 = D = y + zA$.

Für den Fall, daß $w(A_4) = 0$ ist, widerspricht die Gleichung

$$A_4 = y + zA = y + z\big(x + y(z + xA_4)\big)$$

dem Hilfssatz 5. Es kann ferner nicht $y \leqq zA$ sein, da daraus

$$y \leqq zA \leqq x + z$$

im Widerspruch zur Bedingung (I) folgt. Deshalb kann man auf die Gleichung $A_4 = y + zA$ den Hilfssatz 3 anwenden und erhält $A_4 \equiv A^V + A_5$ oder $A_4 \equiv A_5 + A^V$ mit $A^V = y$ und $A_5 = zA$.

Im Fall $w(A_5) = 0$ ergeben sich die Gleichungen

$$A_5 = zA = z\big(x + y(z + x(y + A_5))\big),$$

die dem Hilfssatz 5 widersprechen. Auch die Annahme $z \geqq A$ ist wegen ihrer Folgerung

$$y + z \geqq A \geqq x$$

neben der Bedingung (I) nicht aufrechtzuerhalten. Damit haben wir die Möglichkeit, den Hilfssatz 4 auf eine weitere Gleichung $A_5 = zA$ anzuwenden. Daraus erhält man $A_5 \equiv A^{VI} A_6$ oder $A_5 \equiv A_6 A^{VI}$ mit $A_6 = A$. Insgesamt würde dann

$$w(A_6) < w(A_5) < w(A_4) < w(A_3) < w(A_2)$$
$$< w(A_1) < w(A)$$

gelten; dies widerspricht aber der Minimalität des Wortes A. Die zweite Ungleichung des Hilfssatzes beweist man analog.

Nun ist es ohne Schwierigkeiten möglich, den Satz 5 zu beweisen. Durch die Gleichung

$$\varphi(A) = x + y\big(z + x(y + zA)\big)$$

wird eine isotone Abbildung des Verbandes F in sich definiert, die nach dem Hilfssatz 6 keinen Fixpunkt besitzt. Da nach dem Satz 3.2 jede isotone Abbildung eines vollständigen Verbandes in sich einen Fixpunkt hat, kann F nicht vollständig sein. Die Gültigkeit der Aussagen (II) und (III) für alle Elemente von F wurde im Hilfssatz 6 bewiesen.

Aus den Sätzen 2 und 5 folgt sofort der

Satz 6. *Für $n \geqq 3$ ist der Verband $FL(n)$ nicht vollständig.*

Damit entsteht der berechtigte Wunsch, in der Klasse der vollständigen Verbände in analoger Weise einen dem freien Verband entsprechenden Verband zu definieren. Für eine trivial teilweise geordnete Menge P muß die entsprechende Definition folgendermaßen lauten: Ein vollständiger Verband heißt *freier vollständiger Verband* mit P als System *freier Erzeugender*, wenn

(1) $P \subseteq F$;
(2) F wird vollständig durch die Menge P erzeugt;
(3) zu jeder Abbildung φ der Menge P in einen beliebigen vollständigen Verband L gibt es einen vollständigen Homomorphismus ψ des Verbandes F in den Verband L, derart, daß $\psi(x) = \varphi(x)$ gilt für alle $x \in P$.

Wir merken an, daß die Existenz eines freien vollständigen Verbandes nicht innerhalb der Theorie der universellen Algebren beweisbar ist, weil man in einem vollständigen Verband gezwungen ist, Operationen mit unendlicher Stellenzahl zu betrachten.

Der Beantwortung der Frage nach der Existenz freier vollständiger Verbände dient der

Satz 7. *Sei L ein Verband und U ein Teilverband von L, für den* $\sup_L U$ *nicht existiert. Dann gibt es einen Verband F, der L als Teilverband und* $u = \sup_F U$ *enthält und der von der Menge L vollständig erzeugt wird.*

Zum Beweis erweitern wir L durch ein neues Element u und definieren auf der so erhaltenen Menge P eine Relation $\trianglelefteq$ wie folgt:

$$a \trianglelefteq b \underset{\text{def}}{=} \begin{cases} \text{(i)} & a, b \in L \text{ und } a \leqq_L b; \\ & \text{oder} \\ \text{(ii)} & a = u,\ b \in L \text{ und } x \leqq_L b \text{ für alle} \\ & x \in U; \\ & \text{oder} \\ \text{(iii)} & a \in L,\ b = u \text{ und } a \leqq_L x_0 \text{ für ein} \\ & x_0 \in U; \\ & \text{oder} \\ \text{(iv)} & a = b = u. \end{cases}$$

Die Reflexivität der Relation $\trianglelefteq$ ist offensichtlich. Für $a \trianglelefteq b$ und $b \trianglelefteq a$ sind die folgenden Regel-Kombinationen sinnvoll: a) (i) und (i); b) (ii) und (iii); c) (iii) und (ii); d) (iv) und (iv). Im Fall a) und d) gilt notwendig $a = b$. Im Fall b) erhalten wir $a = u$ und $b \in L$, wobei ein $x_0 \in U$ existiert mit $b \leqq x_0$ und für alle $x \in U$ $x \leqq b$ gilt. Weil aber $\sup U$ nicht existiert, gilt für ein $x_1 \in U$ $x_0 < x_1$. Daraus erhält man $x_1 \leqq b \leqq x_0 < x_1$, was unmöglich ist. Im Fall c) muß $a \in L$ und $b = u$ sein, wobei $x \leqq a$ für alle $x \in U$ ist und ein $x_0 \in U$ existiert mit $a \leqq x_0$. Wie im Fall b) führt dies auf einen Widerspruch der Form $x_1 \leqq a \leqq x_0 < x_1$. Also ist $\trianglelefteq$ eine antisymmetrische Relation. Beim Beweis der Transitivität sind für das Bestehen von $a \trianglelefteq b$ und $b \trianglelefteq c$ folgende Regel-Kombinationen sinnvoll: a) (i) und (i); b) (i) und (iii); c) (iii) und (ii); d) (iii) und (iv); e) (ii) und (i); f) (ii) und (iii); g) (iv) und (ii); h) (iv) und (iv). In den Fällen a), d), f), g) und h) gilt offenbar $a \trianglelefteq c$.

Im Fall b) ist $c = u$ und $a \leqq b \leqq x_0$ für ein geeignetes $x_0 \in U$. Daraus folgt $a \trianglelefteq c$ nach der Regel (iii). Im Fall e) ist $a = u$ und $x \leqq b \leqq c$ für alle $x \in U$. Nach der Regel (ii) folgt daraus ebenfalls $a \trianglelefteq c$. Schließlich gilt im Fall c) $b = u$, $a \leqq x_0$ für ein $x_0 \in U$ und $x \leqq c$ für alle $x \in U$. Speziell ist $a \leqq x_0 \leqq c$, also auch $a \trianglelefteq c$ nach der Regel (i).

Damit haben wir bewiesen, daß P eine teilweise geordnete Menge ist. Sei F ihre freie Erweiterung. Aus den Eigenschaften (1)—(4) der freien ($\mathfrak{A}$, $\mathfrak{B}$)-Erweiterung entnimmt man, daß F den Verband L als Teilverband enthält und von der Menge P erzeugt wird. Es bleibt für den Abschluß des Beweises zu zeigen, daß $u = \sup_F U$ gilt. Nach der Definition ist $u \geqq_F x$ für alle $x \in U$. Sei außerdem $a \in F$ und $a \geqq_F x$ für alle $x \in U$. Ist das Gewicht von a Null, so folgt aus der Regel (ii) $a \trianglerighteq u$ und damit $a \geqq_F u$. Im umgekehrten Fall existiert die reduzierte $\cap$-kanonische (bzw. $\cup$-kanonische) Darstellung

$$a \equiv b_1 b_2 \dots b_s \qquad [a \equiv b_1 + \cdots + b_s],$$

in der alle b_i ein kleineres Gewicht als a haben. Die erste Darstellung hat für alle $x \in U$ die Ungleichungen $x \leqq_F a \leqq_F b_i$ zur Folge. Unter Berufung auf die Induktionsvoraussetzung erhalten wir daraus $u \leqq_F b_i$ und folglich $u \leqq_F a$. Die zweite Darstellung ergibt ebenfalls $u \leqq_F b_i$, da die Annahme, es gäbe zu jedem b_i ein $x_i \in U$ mit $x_i \nleqq_F b_i$ wie folgt zum Widerspruch führt:

Es ist $x = x_1 + \cdots + x_s \in U$, daher auch $x \leqq_F a$. Nach dem Lemma 10 gibt es ein j, so daß $x \leqq_F b_j$ ist. Insgesamt gilt

$$x_j \leqq_F x \leqq_F b_j,$$

was der Wahl des Elementes x_j widerspricht. Es gibt also einen Index i, so daß $x \leqq_F b_i$ für alle $x \in U$ gilt. Die Anwendung der Induktionsvoraussetzung ergibt die Ungleichungen

$$u \leqq_F b_i \leqq_F a.$$

Damit ist bewiesen, daß $u = \sup_F U$ gilt.

Satz 8. *Zu einer beliebigen Menge $\mathfrak{M}$ existiert ein vollständiger Verband L, der von drei Elementen vollständig erzeugt wird und dessen Mächtigkeit nicht kleiner ist als die Mächtigkeit der Menge $\mathfrak{M}$.*

Beweis. Unter Ausnutzung des Satzes 2.3 erklären wir in $\mathfrak{M}$ eine Wohlordnung. Sei $F_0 = FL(3)$ und u_1, u_2, u_3 ein System freier Erzeugender des Verbandes F_0. Wir nehmen an, wir hätten schon für alle β, $\beta < \alpha$ $(\alpha, \beta \in \mathfrak{M})$ einen Verband F_β konstruiert, der folgende Eigenschaften hat:

a) F_β wird von den Elementen u_1, u_2, u_3 vollständig erzeugt;

b) ist $\beta < \gamma < \alpha$, so ist $F_\beta \subset F_\gamma$;

c) F_β erfüllt die Forderungen (I)—(III) aus dem Satz 5;

d) F_β ist kein vollständiger Verband.

Auf Grund der Sätze 2, 5 und 6 gelten für F_0 die Eigenschaften a), c) und d). Die Eigenschaft b) hat für ihn keinen Sinn. Für eine Limeszahl α setzen wir $F_\alpha = \bigcup_{\beta<\alpha} F_\beta$. Nach der Eigenschaft (II) aus dem Satz 5 ist die Abbildung φ mit

$$\varphi(a) = u_1 + u_2\bigl(u_3 + u_1(u_2 + u_3 a)\bigr)$$

eine fixpunktfreie isotone Abbildung des Verbandes F_α in sich. Daher gilt für F_α auf Grund des Satzes 3.2 die Aussage d). Offenbar gelten aber auch die Aussagen a) bis c). Existiert $\alpha - 1$, so existiert nach dem Satz 4.12 entweder $\inf_{F_{\alpha-1}} F_{\alpha-1}$ nicht, oder $F_{\alpha-1}$ enthält einen Teilverband U, für den $\sup_{F_{\alpha-1}} U$ nicht existiert. Wendet man auf $F_{\alpha-1}$ den Satz 7 oder den zu ihm dualen Satz an, so erhält man den Verband F_α. Für ihn gelten offenbar die Aussagen a) und b). Aus dem Satz 5 folgt, daß auch die Aussagen c) und d) erfüllt sind. Schließlich sei $F = \bigcup_{\alpha\in\mathfrak{M}} F_\alpha$.

Die Mächtigkeit von F ist nach der Aussage b) nicht kleiner als die Mächtigkeit von $\mathfrak{M}$. Nach a) wird F von drei Elementen vollständig erzeugt. Der Satz 3.7 besagt, daß diese beiden Eigenschaften für die Vervollständigung $\bar{F}$ von F durch Schnitte erhalten bleiben, was zu zeigen war.

Satz 9 (Crawley-Dehn). *Es existiert kein freier vollständiger Verband mit drei Erzeugenden.*

Beweis. Sei F ein freier vollständiger Verband mit drei Erzeugenden. Aus dem Satz 8 und bekannten Sätzen der Mengenlehre (vgl. z. B. P. S. Alexandrow, „Einführung in die Mengenlehre und die Theorie der reellen Funktionen", Berlin 1965, S. 48, Satz 14) folgt die Existenz eines vollständigen Verbandes L der von drei Elementen vollständig erzeugt wird und dessen Mächtigkeit größer als die Mächtigkeit von F ist. Dann kann F aber nicht auf L abgebildet werden. Das steht im Widerspruch zu der Aussage (3) der Definition eines freien vollständigen Verbandes.

Übungen

1. Die freie und die vollfreie Erweiterung einer teilweise geordneten Menge P stimmen dann und nur dann überein, wenn P trivial teilweise geordnet ist.

2. Jeder Verband ist homomorphes Bild eines freien Verbandes.

3. $FL(n)$ ist ein Verband mit Null und Eins.

4. Die freie Erweiterung einer unendlichen trivial teilweise geordneten Menge besitzt weder Null noch Eins.

5. Die freie $(\mathfrak{A},\mathfrak{B})$-Erweiterung einer teilweise geordneten Menge mit Null (Eins) besitzt eine Null (Eins).

6. $FL(3)$ enthält $FL(\aleph_0)$.

7. Die freie Erweiterung F einer teilweise geordneten Menge P ist bis auf Isomorphie über P eindeutig definiert, d. h., zu jeder anderen freien Erweiterung F' gibt es einen Isomorphismus von F auf F', der alle Elemente aus P festläßt.

6. Modulare Verbände

Ein Verband L heißt *modular* (oder DEDEKINDscher *Verband*), wenn für je drei Elemente $a, b, c \in L$ mit $a \leqq c$ das *modulare Gesetz*

$$(a + b)c = a + bc$$

gilt. Wir bemerken, daß die zum modularen Gesetz duale Gleichung die Form $ab + c = a(b + c)$ mit $a \geqq c$ hat, d. h., es entsteht wieder das modulare Gesetz. Daher ist die zu einem modularen Verband duale teilweise geordnete Menge ebenfalls ein modularer Verband. In modularen Verbänden gilt also das Dualitätsprinzip.

Das wichtigste Beispiel für einen modularen Verband ist der Verband aller Teilräume eines linearen Raumes. Sind A, B, C Teilräume und gilt $A \subseteq C$, dann ist offenbar auch $(A + B) \cap C \supseteq A + B \cap C$. Liegt umgekehrt ein Vektor c in $(A + B) \cap C$, dann gibt es Elemente $a \in A$ und $b \in B$ mit $c = a + b$. Daraus folgt $b = (c - a) \in B \cap C$, d. h. $c \in A + B \cap C$. Es gilt also auch $(A + B) \cap C \subseteq A + B \cap C$. Analog verifiziert man, daß alle Normalteiler einer beliebigen Gruppe ebenso wie alle Ideale eines Ringes und alle Teilmoduln eines Moduls modulare Verbände bilden.

Umgekehrt ist der Verband aller Untergruppen einer Gruppe und der Verband aller Äquivalenzen einer Menge kein modularer Verband. Auch der Verband aller linearen Mannigfaltigkeiten eines affinen Raumes ist nicht modular.

Satz 1. *Die folgenden Aussagen über einen Verband L sind äquivalent:*

(1) *L ist modular.*

(2) *Für beliebige $a, b, c \in L$ gilt $a(ab + c) = ab + ac$.*

(3) *Ist $a \geqq b$ und existiert ein $c \in L$ mit $a + c = b + c$ und $ac = bc$, dann ist $a = b$.*

Beweis: Wir nehmen an, daß die Aussage (1) gilt. Das bedeutet: Für beliebige $a, b, c \in L$ ist $ab \leqq a$ und damit

$$a(ab + c) = (ab + c)a = ab + ac.$$

Gelten außerdem die Voraussetzungen der Aussage (3), so ergibt sich

$$a = a(a + c) = a(b + c) = b + ac = b + bc = b.$$

Damit haben wir die Implikationen (1) ⇒ (2) und (1) ⇒ (3) bewiesen.

Gilt die Aussage (2) und ist $a \leqq c$, so folgt

$$(a + b)c = (ac + b)c = ac + bc = a + bc,$$

d. h., aus der Aussage (2) folgt die Aussage (1). Nehmen wir schließlich an, die Aussage (3) trifft zu. Für $a, b, c \in L$ und $a \leqq c$ ist dann

$$a + b \leqq (a + b)c + b \leqq a + b$$

und

$$bc \leqq (a + bc)b \leqq (c + bc)b = bc.$$

Daraus erhält man

$$(a + b)c + b = a + b,$$
$$(a + bc) + b = a + b,$$
$$(a + b)cb = bc$$

und

$$(a + bc)b = bc.$$

Weil allgemein

$$(a + b)c \geqq a + bc$$

gilt, ergibt sich aus der Aussage (3)

$$(a + b)c = a + bc.$$

Damit haben wir auch die Implikation (3) ⇒ (1) bewiesen.

Aus dem Satz 1 folgt speziell, daß die modularen Verbände eine Mannigfaltigkeit universeller Algebren bilden.

Satz 2 (Kürzungsregel). *Sind a, b, c Elemente eines modularen Verbandes mit der Eigenschaft* $(a + b)c = 0$, *so ist* $a(b + c) = ab$.

Beweis. Mit dem modularen Gesetz beweist man sofort die Gleichungen

$$a(b + c) = a(a + b)\,(b + c) = a\big(b + (a + b)c\big) = ab.$$

Satz 3. *Jeder komplementäre modulare Verband ist relativ komplementär.*

Beweis. Es sei $a \leqq x \leqq b$, $x + y = 1$ und $xy = 0$. Aus dem modularen Gesetz erhält man dann die Gleichungen

$$x + (a + yb) = x + yb = (x + y)b = b$$

und

$$x(a + yb) = a + xyb = a,$$

was zu beweisen war.

In modularen Verbänden mit Nullelement kann man eine Verallgemeinerung des aus der linearen Algebra bekannten Begriffes der Unabhängigkeit einführen und untersuchen. Die *Elemente* $a_1, \ldots, a_n$ eines modularen Verbandes L mit Nullelement 0 werden *unabhängig* genannt, wenn für alle $i = 1, \ldots, n$

$$(a_1 + \cdots + a_{i-1} + a_{i+1} + \cdots + a_n)a_i = 0$$

gilt. Eine unmittelbare Folgerung aus dieser Definition ist der

Satz 4. *Sind die Elemente $b_1, \ldots, b_n$ unabhängig und ist $a_i \leqq b_i$ $(i = 1, \ldots, n)$, so sind auch die Elemente $a_1, \ldots, a_n$ unabhängig.*

Die Summe der unabhängigen Elemente $a_1, \ldots, a_n$ werden wir symbolisch durch

$$a_1 \dotplus a_2 \dotplus \cdots \dotplus a_n$$

und sprachlich als *direkte Summe* bezeichnen.

Satz 5. *Gilt für die Elemente* $a_1, \ldots, a_n$

$$(a_1 + \cdots + a_{i-1})\, a_i = 0$$

für jedes $i = 1, \ldots, n$, *dann sind diese Elemente unabhängig.*

Beweis. Wir beweisen für jeden fest gewählten Index $j = 1, 2, \ldots, n$ die Gleichungen

$$(a_1 + \cdots + a_{j-1} + a_{j+1} + \cdots + a_l)a_j = 0$$

mit $l = j + 1, \ldots, n$. Dazu nehmen wir an, das wäre schon für $l - 1$ geschehen. Berücksichtigen wir die Gleichung

$$[(a_1 + \cdots + a_{j-1} + a_{j+1} + \cdots + a_{l-1}) + a_j]a_l = 0,$$

so ergibt sich unter Anwendung der Kürzungsregel und der Induktionsvoraussetzung

$$\begin{aligned}(a_1 + \cdots + a_{j-1} + a_{j+1} + \cdots + a_l)a_j \\ = [(a_1 + \cdots + a_{j-1} + a_{j+1} + \cdots + a_{l-1}) + a_l]a_j \\ = (a_1 + \cdots + a_{j-1} + a_{j+1} + \cdots + a_{l-1})a_j = 0.\end{aligned}$$

Es bleibt festzustellen, daß der Anfangsschritt der Induktion ein Teil der Voraussetzung des Satzes ist.

Satz 6. *Sind* $a_1, \ldots, a_n$ *unabhängig und bilden* I *und* J *Teilmengen der Menge* $\{1, \ldots, n\}$, *so gilt*

$$\Big(\sum_{i \in I} a_i\Big)\Big(\sum_{j \in J} a_j\Big) = \begin{cases} 0, & \textit{wenn } I \cap J \textit{ leer ist;} \\ \sum\limits_{k \in I \cap J} a_k, & \textit{sonst.}\end{cases}$$

Beweis. Besteht J nur aus einem Element oder gilt $J \subseteq I$, dann ist die behauptete Gleichung sicher richtig. Sei also $I \cap J$ leer und $j_0 \in J$. Dann gilt nach Induktionsvoraussetzung die Gleichung

$$\Big(\sum_{i\in I} a_i + a_{j_0}\Big)\Big(\sum_{j\in J\setminus j_0} a_j\Big) = 0,$$

aus der nach der Kürzungsregel

$$\sum_{i\in I} a_i \cdot \sum_{j\in J} a_j = \Big(\sum_{i\in I} a_i\Big)\Big(a_{j_0} + \sum_{j\in J\setminus j_0} a_j\Big) = \sum_{i\in I} a_i a_{j_0} = 0$$

folgt. Existiert umgekehrt ein $j_0 \in I \cap J$, so erhält man aus der Induktionsvoraussetzung und dem modularen Gesetz

$$\sum_{i\in I} a_i \cdot \sum_{j\in J} a_j = \Big(\sum_{j\in I} a_i\Big)\Big(a_{j_0} + \sum_{j\in J\setminus j_0} a_j\Big) = a_{j_0} + \sum_{k\in I\cap J\setminus j_0} a_k = \\ = \sum_{k\in I\cap J} a_k.$$

Satz 7. *Sind die Elemente $a_1, \ldots, a_n$ unabhängig und gilt für $i = 1, \ldots, n$*

$$a_i = a_{i1} \dotplus \cdots \dotplus a_{ik_i} \quad (i = 1, \ldots, n),$$

so sind auch die Elemente

$$a_{11}, \ldots, a_{1k_1}, a_{21}, \ldots, a_{2k_2}, \ldots, a_{n1}, \ldots, a_{nk_n}$$

unabhängig.

Beweis. Wegen

$$(a_1 + \cdots + a_{i-1})(a_{i1} + \cdots + a_{ij}) \\ \leqq (a_1 + \cdots + a_{i-1})a_i = 0$$

erhalten wir unter Anwendung der Kürzungsregel die Gleichungen

$$(a_1 + \cdots + a_{i-1} + a_{i1} + \cdots + a_{ij-1})a_{ij} \\ = (a_{i1} + \cdots + a_{ij-1})a_{ij} = 0.$$

Anschließend brauchen wir nur den Satz 5 anzuwenden.

Satz 8. *Sind $a_1, \ldots, a_n$ unabhängige Elemente eines modularen Verbandes L mit Nullelement, dann ist der Teilverband H des Verbandes L, der von den Intervallen $[0, a_1], \ldots, [0, a_n]$ erzeugt wird, zum direkten Produkt*

$$[0, a_1] \times [0, a_2] \times \cdots \times [0, a_n]$$

dieser Intervalle isomorph.

Beweis. Wir nehmen zunächst an, daß $n = 2$ ist, und betrachten die Menge M aller Elemente der Form $x_1 + x_2$ mit $x_1 \leqq a_1$ und $x_2 \leqq a_2$. Diese Menge ist abgeschlossen bezüglich der Addition. Aus $x_1 + x_2 \in M$ und $y_1 + y_2 \in M$ folgt

$$(x_1 + y_1)(x_2 + y_2) \leqq a_1 a_2 = 0.$$

Durch Anwendung der Kürzungsregel ergibt sich

$$x_1(y_1 + x_2 + y_2) = x_1 y_1.$$

Analog dazu verifiziert man die Gleichung

$$x_2(y_1 + x_1 + y_2) = x_2 y_2.$$

Aus diesen Gleichungen folgt unter Anwendung des modularen Gesetzes

$$\begin{aligned}(x_1 + x_2)(y_1 + y_2) &= (x_1 + x_2)(y_1 + x_2 + y_2)(y_1 + y_2)\\ &= \big(x_2 + x_1(y_1 + x_2 + y_2)\big)(y_1 + y_2)\\ &= (x_2 + x_1 y_1)(y_1 + y_2) = x_1 y_1 + x_2(y_1 + y_2)(y_1 + x_1\\ &\quad + y_2) = x_1 y_1 + x_2 y_2(y_1 + y_2) = x_1 y_1 + x_2 y_2.\end{aligned}$$

Daher ist die Menge M auch bezüglich der Multiplikation abgeschlossen, d. h., sie stimmt mit dem Teilverband H überein.

Die letzte Gleichung ergibt zusammen mit der offensichtlichen Gleichung

$$(x_1 + x_2) + (y_1 + y_2) = (x_1 + y_1) + (x_2 + y_2)$$

den Beweis dafür, daß die Abbildung φ mit

$$\varphi(x, y) = x + y$$

ein Verbandshomomorphismus des direkten Produkts $[0, a_1] \times [0, a_2]$ auf den Verband H ist. Aus $x_1 + x_2 = y_1 + y_2$ folgt außerdem wegen $x_2 a_1 \leqq a_2 a_1 = 0$ und $y_2 a_1 \leqq a_2 a_1 = 0$ nach dem modularen Gesetz

$$\begin{aligned} x_1 &= x_1(x_1 + x_2)a_1 = x_1(y_1 + y_2)a_1 \\ &= x_1(y_1 + y_2 a_1) = x_1 y_1 = y_1(x_1 + x_2 a_1) \\ &= y_1(x_1 + x_2)a_1 = y_1(y_1 + y_2)a_1 = y_1 . \end{aligned}$$

Analog beweist man die Gleichung $x_2 = y_2$. Folglich ist φ ein Isomorphismus. Für $n > 2$ erhalten wir aus der Induktionsvoraussetzung die Isomorphiebeziehungen

$$\begin{aligned} H &\cong [0, a_1 + \cdots + a_{n-1}] \times [0, a_n] \\ &\cong [0, a_1] \times \cdots \times [0, a_{n-1}] \times [0, a_n] . \end{aligned}$$

Satz 9. *Sind a und b Elemente eines modularen Verbandes L, dann sind die Intervalle $[ab, a]$ und $[b, a + b]$ isomorph. Der Isomorphismus wird durch die Abbildung φ mit*

$$\varphi(x) = x + b \qquad (ab \leqq x \leqq a)$$

und durch die Abbildung ψ mit

$$\psi(y) = ay \qquad (b \leqq y \leqq a + b)$$

realisiert.

Beweis. Zunächst sieht man sofort, daß φ und ψ isotone Abbildungen sind, für deren Nacheinanderausführungen

$$\psi\varphi(x) = a(x + b) = x + ab = x$$

und

$$\varphi\psi(y) = ay + b = (a + b)y = y$$

gilt. Zwei Elemente a und b heißen *perspektiv* mit der *Perspektivitätsachse* c, wenn $a \dotplus c = b \dotplus c$ gilt.

Die Nacheinanderausführung der beiden im Satz 9 definierten Abbildungen φ und ψ

$$[0, a] = [ac, a] \Rightarrow [c, a + c] = [c, b + c] \Rightarrow [bc, b] = [0, b]$$

erzeugt einen Isomorphismus zwischen den Intervallen $[0, a]$ und $[0, b]$, der eine *perspektive Abbildung mit der Achse c* heißt und formal durch $P_{(a \to b; c)}$ bezeichnet wird. Man sieht leicht ein, daß $P_{(a \to b; c)}$ das Element $x \in [0, a]$ auf das Element $y = (x + c)b \in [0, b]$ abbildet.

Ist L derjenige Verband, der aus der leeren Menge, den Punkten und Geraden der projektiven Ebene und aus der projektiven Ebene selbst besteht, dann ordnet die perspektive Abbildung $P_{(a \to b; c)}$ dem Punkt x auf der Geraden a den Punkt y auf der Geraden b zu (vgl. Abb. 7).[1] Dadurch ist die Bezeichnung begründet.

Satz 10. *Besitzt ein modularer Verband L eine Kompositionsreihe der Länge n, dann enthält er keine Ketten mit n + 2 Elementen.*

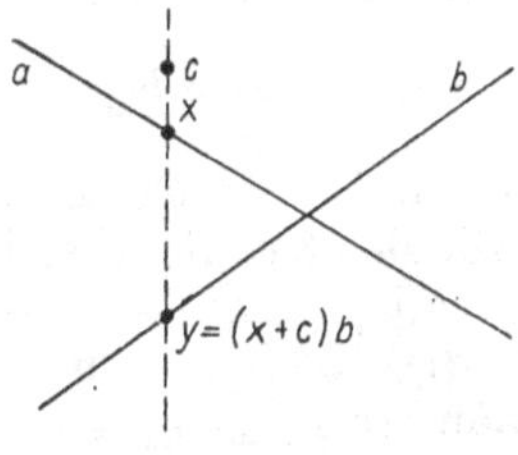

Abb. 7

Beweis. Sei $0 = a_0 < a_1 < \cdots < a_n = 1$ eine Kompositionsreihe der Länge n in dem Verband L. Wir nehmen an, L enthält eine Kette

$$b_0 < b_1 < \cdots < b_{n+1}$$

[1]) Als Verbandsoperationen sind hier der Durchschnitt und die von der Vereinigung zweier Elemente erzeugte Gerade bzw. die von ihnen erzeugte projektive Ebene zu verstehen. Die Ordnungsrelation ist die Inzidenz. (Anm. d. Red.)

aus $n+2$ verschiedenen Elementen. O. B. d. A. sei $b_0 = 0$. Der Satz gilt offenbar für $n = 1$, da in diesem Fall L selbst eine zweielementige Kette ist. Für $n > 1$ betrachten wir die Kette

$$a_1 \leqq a_1 + b_1 \leqq \cdots \leqq a_1 + b_{n+1}.$$

Da sie zum Verband $[a_1, 1]$ gehört, der eine Kompositionsreihe

$$a_1 < a_2 < \cdots < a_n = 1$$

besitzt, gibt es nach der Induktionsvoraussetzung einen Index i mit

$$a_1 + b_{i-1} = a_1 + b_i.$$

Sei i_0 der kleinste Index mit dieser Eigenschaft. Ist $i_0 = 1$, d. h. $a_1 = a_1 + b_1$, so ist $0 < b_1 \leqq a_1$. Daraus folgt die Gleichung $a_1 = b_1$, da das Intervall $[0, a_1]$ einfach ist. Folglich enthält das Intervall $[a_1, 1]$ die Kette $b_1 < \cdots < b_{n+1}$, was der Induktionsvoraussetzung widerspricht. Sei jetzt $i_0 > 1$. Gilt die Gleichung

$$a_1 b_{i_0-1} = a_1 b_{i_0},$$

so folgt nach Aussage (3) des Satzes 1 $b_{i_0} = b_{i_0-1}$, was sicher falsch ist. Gilt sie aber nicht, so leitet man aus der Zugehörigkeit von $a_1 b_{i_0-1}$ und $a_1 b_{i_0}$ zu dem einfachen Intervall $[0, a_1]$ die Gleichungen $a_1 b_{i_0-1} = 0$ und $a_1 b_{i_0} = a_1$ ab. Dann ist $a_1 \leqq b_{i_0}$ und folglich $b_{i_0} = a_1 + b_{i_0} = a_1 + b_{i_0-1}$. Nach dem Satz 8 existiert ein Isomorphismus φ des Intervalls $[0, b_{i_0-1}] = [a_1 b_{i_0-1}, b_{i_0-1}]$ auf das Intervall $[a_1, a_1 + b_{i_0-1}] = [a_1, b_{i_0}]$. Dann enthält der Verband $[a_1, 1]$ die Kette

$$a_1 = \varphi(b_0) < \varphi(b_1) < \cdots < \varphi(b_{i_0-1}) = b_{i_0} < b_{i_0+1} < \cdots < b_{n+1},$$

was der Induktionsvoraussetzung widerspricht.

Aus dem Satz 10 folgt unmittelbar der

Satz 11. *Alle Kompositionsreihen eines modularen Verbandes besitzen dieselbe Länge.*

Der Satz 11 besitzt Anwendungen in der Theorie der Gruppen, der Ringe und der Moduln.

Als *Dimensionsfunktion* auf einem Verband L bezeichnet man eine ganzzahlige Funktion d auf L, die folgende Eigenschaften hat:

(1) Ist $[x, y]$ ein einfaches Intervall von L, so ist $d(y) = d(x) + 1$.

(2) Für beliebige $x, y \in L$ ist

$$d(x + y) + d(xy) = d(x) + d(y).$$

Mit jeder Dimensionsfunktion d und jeder ganzen Zahl m ist auch $D \underset{\text{def}}{=} d + m$ eine Dimensionsfunktion. Existiert daher auf einem Verband L überhaupt eine Dimensionsfunktion, so kann man zu einem beliebigen $a \in L$ stets eine solche angeben, für die $d(a) = 0$ ist. Man beweist durch vollständige Induktion sehr einfach, daß allgemein

$$d(a_1 \dotplus \cdots \dotplus a_n) = d(a_1) + \cdots + d(a_n)$$

gilt.

Satz 12. *Besitzt das Intervall $[a, b]$ eines modularen Verbandes eine Kompositionsreihe und ist d eine Dimensionsfunktion mit $d(a) = d(b)$, so ist $a = b$.*

Beweis. Sei $a < a_1 < \cdots < a_{l-1} < b$ eine Kompositionsreihe des Intervalls $[a, b]$. Nach der ersten Eigenschaft einer Dimensionsfunktion gilt dann $d(b) = d(a) + l$, woraus nach Voraussetzung $l = 0$ und damit $a = b$ folgt.

Eine Kette C eines Verbandes L heißt *beschränkt*, wenn ihr oberer und ihr unterer Konus nicht leer sind.

Satz 13. *Für einen Verband L, dessen beschränkte Ketten endlich sind, sind folgende Aussagen äquivalent:*

(1) *L ist modular.*

(2) *Für* $a, b \in L$ *ist das Intervall* $[ab, a]$ *dann und nur dann einfach, wenn das Intervall* $[b, a + b]$ *einfach ist.*

(3) *Auf* L *existiert eine Dimensionsfunktion* d.

Beweis. Aus dem Satz 9 ergibt sich unmittelbar (1) ⇒ (2). Zum Beweis der Implikation (3) ⇒ (1) nehmen wir an, für $a, b \in L$ mit $a \geqq b$ existiert ein $c \in L$, so daß $a + c = b + c$ und $ac = bc$ gilt. Wegen der Endlichkeit aller beschränkten Ketten des Verbandes L besitzt das Intervall $[b, a]$ eine Kompositionsreihe. Sei l die Länge dieser Reihe. Aus der Definition der Dimensionsfunktion folgt, daß

$$\begin{aligned} d(b) + l + d(c) &= d(a) + d(c) = d(a + c) + d(ac) \\ &= d(b + c) + d(bc) = d(b) + d(c) \end{aligned}$$

gilt. Also muß $l = 0$ sein, d. h., es ist $a = b$. Alles weitere ergibt sich aus dem Satz 1. Wenden wir uns nun der Implikation (2) ⇒ (3) zu; für den Verband L gelte die Aussage (2).

Hilfssatz 1. *Sind* $a, b \in L$ *mit* $a \leqq b$, *so haben alle Kompositionsreihen des Intervalls* $[a, b]$ *die gleiche Länge.*

Sei l die kleinste Länge der Kompositionsreihen von $[a, b]$. Ist $l = 0$ oder $l = 1$, so ist das Intervall eine ein- bzw. zweielementige Kette. In beiden Fällen gilt der Hilfssatz. Sei nun $l > 1$.

$$a = c_0 < c_1 < \cdots < c_l = b$$

und

$$a = d_0 < d_1 < \cdots < d_m = b$$

seien Kompositionsreihen des Intervalls $[a, b]$. Ist $c_1 d_1 = c_1$, so ergibt sich die Ungleichung $c_1 \leqq d_1$. Bildet man eine Kompositionsreihe

$$c_1 = f_0 < f_1 < \cdots < f_k = d_1$$

des Intervalls $[c_1, d_1]$, so erhält man eine Kompositionsreihe

$$c_1 = f_0 < f_1 < \cdots < f_k = d_1 < \cdots < d_m = b$$

des Intervalls $[c_1, b]$. Daraus folgt $l \leqq m$, und nach der Induktionsvoraussetzung ergibt sich $k + m - 1 = l - 1$, also ist $k = 0$ und $m = l$. Ist dagegen $c_1 d_1 \neq c_1$, so schließen wir aus der Einfachheit des Intervalls $[a_1, c_1]$ auf $c_1 d_1 = a$. Wir wählen eine Kompositionsreihe

$$c_1 + d_1 = g_0 < g_1 < \cdots < g_n = b$$

des Intervalls $[c_1 + d_1, b]$. Nach der Aussage (2) sind die Ketten

$$c_1 < c_1 + d_1 = g_0 < g_1 < \cdots < g_n = b$$

und

$$d_1 < c_1 + d_1 = g_0 < g_1 < \cdots < g_n = b$$

Kompositionsreihen des Intervalls $[c_1, b]$ bzw. $[d_1, b]$ Unter Berücksichtigung der Induktionsvoraussetzung erhalten wir

$$l - 1 = n + 1 = m - 1,$$

und folglich gilt auch in diesem Fall $m = l$.

Nach dem Hilfssatz 1 können wir die Länge aller Kompositionsreihen des Intervalls $[a, b]$ mit $l(a, b)$ bezeichnen.

Hilfssatz 2. $l(ab, a) = l(b, a + b)$.

Zum Beweis sei $m = l(ab, a)$. Ist $m = 0$, so ist $ab = a$, was gleichbedeutend mit $a + b = b$ ist, d. h., es gilt $l(b, a + b) = 0$. Für $m = 1$ ergibt sich der Hilfssatz 2 sofort aus der Aussage (2). Sei also $m > 1$. Dann wählen wir ein Element c aus $[ab, a]$ so, daß $l(ab, c) = 1$ ist (vgl. Abb. 8). Es gilt $bc = c$ oder $bc = ab$. Das erste ist unmöglich, weil daraus $b \geqq c$ und damit $ab < c \leqq ab$ folgt. Also ist $bc = ab$. Ferner gilt

$$b + c \leqq b + a(b + c) \leqq b + c,$$

d. h.

$$a(b + c) + b = b + c.$$

Es ist klar, daß

$$a(b+c)\cdot b = ab$$

gilt. Ist $a(b+c) = a$, so folgt

$$b+c = b+c+a = a+b$$

und wegen

$$l(bc, c) = l(ab, c) = 1 < m,$$
$$l(b, a+b) = l(b, b+c) = l(ab, c) = 1.$$

Aus der Aussage (2) ergibt sich $l(ab, a) = 1$, im Widerspruch zur Annahme $l(ab, a) = m > 1$. Somit gilt

$$l\big(a(b+c)b, a(b+c)\big) < m,$$

und aus der Induktionsvoraussetzung erhalten wir

$$\begin{aligned} l\big(ab, a(b+c)\big) &= l\big(a(b+c)\cdot b, a(b+c)\big) \\ &= l\big(b, a(b+c)+b\big) = l(b, b+c) \\ &= l(bc, c) = l(ab, c). \end{aligned}$$

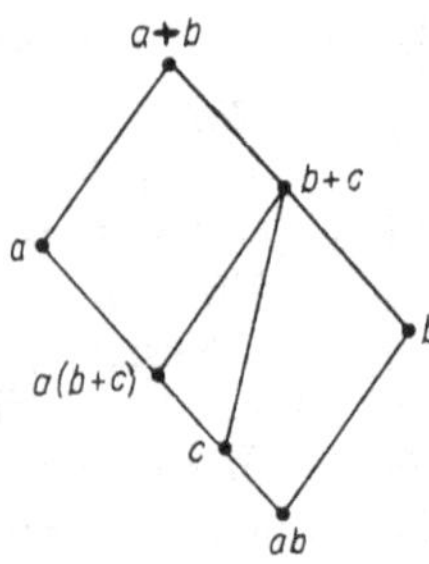

Abb. 8

Es ist also

$$a(b+c) = c,$$

und die zweimalige Anwendung der Induktionsvoraussetzung führt zu den Gleichungen

$$\begin{aligned} l(b, a+b) &= l(b, b+c) + l(b+c, a+b) \\ &= l(ab, c) + l\bigl(a(b+c), a\bigr) \\ &= l(ab, c) + l(c, a) = l(ab, a). \end{aligned}$$

Mit einem fixierten Element $w \in L$ setzen wir schließlich

$$d(x) \underset{\text{def}}{=} l(xw, x) - l(xw, w).$$

Ist $[x, y]$ ein einfaches Intervall, so ist $xw \leqq yw \leqq y$. Daher gilt

$$\begin{aligned} d(y) &= l(yw, y) - l(yw, w) \\ &= l(xw, yw) + l(yw, y) - [l(xw, yw) + l(yw, w)] \\ &= l(xw, y) - l(xw, w) \\ &= l(xw, x) + l(x, y) - l(xw, w) = d(x) + 1. \end{aligned}$$

Für $x, y \in L$ ergibt sich nach dem oben Bewiesenen

$$d(x+y) = d(y) + l(y, x+y)$$

und

$$d(xy) = d(x) - l(xy, x).$$

Da aber nach dem Hilfssatz 2 $l(xy, x) = l(y, x+y)$ gilt, folgt

$$d(x+y) + d(xy) = d(x) + d(y).$$

Die Funktion d ist also eine Dimensionsfunktion auf dem Verband L. Damit ist auch die Richtung (2) $\Rightarrow$ (3) bewiesen.

Sei L ein modularer Verband mit Null 0 und Eins 1. Ein von 0 verschiedenes Element $a \in L$ heißt *unzerlegbar*, wenn es nicht in der Form $a = b \dotplus c$ mit $b \neq 0$, $c \neq 0$ dargestellt werden kann.

Satz 14. *Besitzt der modulare Verband L eine Kompo-*

sitionsreihe, so ist jedes Element $a \in L$ *als direkte Summe*

$$a = a_1 \dotplus \cdots \dotplus a_m$$

unzerlegbarer Elemente $a_1, \ldots, a_m$ *darstellbar.*

Beweis. Aus dem Satz 10 läßt sich leicht ableiten, daß unter der Voraussetzung des Satzes der Teilverband $[0, a]$ ebenfalls eine Kompositionsreihe besitzt. Im Hinblick auf den Satz 11 bezeichnen wir die Länge dieser Reihe mit l. Für $l \leqq 1$ ist unser Satz offenbar richtig. Ist dagegen $l > 1$, so setzen wir $a = b_0$ und nehmen an, wir hätten bereits die Reihe

$$b_0 > \cdots > b_k$$

konstruiert, für welche $a = b_k \dotplus c_k$ mit geeignetem $c_k \in L$ gilt. Ist das Element b_k nicht unzerlegbar, so existiert ein $d \in L$ mit $b_k = b_{k+1} \dotplus d$ und $b_{k+1} < b_k$. Nach dem Satz 7 gilt

$$a = b_{k+1} \dotplus (d \dotplus c_k).$$

Auf Grund des Satzes 10 läßt sich die eben beschriebene Konstruktion nicht unbegrenzt fortsetzen. Folglich kann man a in der Form $a = a_1 \dotplus b$ mit einem unzerlegbaren Element a_1 darstellen. Wie man sofort sieht, besitzt das Intervall $[0, b]$ eine Kompositionsreihe von kleinerer Länge als l. Daher gilt

$$b = a_2 \dotplus \cdots \dotplus a_m,$$

und nach dem Satz 7

$$a = a_1 \dotplus a_2 \dotplus \cdots \dotplus a_m.$$

Der Satz 14 läßt sich nicht umkehren. Eine beliebige Kette stellt ein Gegenbeispiel für diesen Sachverhalt dar.

Satz 15 (Ore). *Sei* L *ein modularer Verband, der eine Kompositionsreihe der Länge* l *besitzt, und es sei*

$$1 = a_1 \dotplus \cdots \dotplus a_m = b_1 \dotplus \cdots \dotplus b_n$$

mit unzerlegbaren Elementen $a_1, \ldots, a_m, b_1, \ldots, b_n$. *Dann ist* $m = n$, *und zu jedem* a_i *existiert ein Element* b_j, *so daß die Darstellung*

$$1 = a_1 \dotplus \cdots \dotplus a_{i-1} + b_j + a_{i+1} \dotplus \cdots \dotplus a_m$$

gilt.

Beweis. Wir beweisen diesen Satz durch Induktion über l. Für $l = 0$ ist L ein einelementiger Verband, für den der Satz trivialerweise gilt. Ebenso gilt der Satz sicher für $l = 1$, da dann $m = n = 1$ ist. Für $l > 1$ setzen wir

$$\bar{a}_i = a_1 + \cdots + a_{i-1} + a_{i+1} + \cdots + a_m$$

und betrachten die folgenden drei Fälle:

1) $a_1 + \bar{b}_1 = \bar{a}_1 + b_1 = 1$ bei geeigneter Numerierung der Elemente b_j;

2) $a_1 + \bar{b}_1 < 1$ bei geeigneter Numerierung der Elemente b_j;

3) für alle j gilt $a_1 + \bar{b}_j = 1$ und $\bar{a}_1 + b_j < 1$.

Außerdem fixieren wir unter Berufung auf die Sätze 10 und 13 auf dem Verband L eine Dimensionsfunktion d, für die $d(0) = 0$ ist. Im Fall 1) gilt

$$d(a_1) = d(1) - d(\bar{b}_1) + d(a_1\bar{b}_1) = d(b_1) + d(a_1\bar{b}_1) \geqq d(b_1)$$

und

$$d(b_1) = d(1) - d(\bar{a}_1) + d(\bar{a}_1 b_1) = d(a_1) + d(\bar{a}_1 b_1) \geqq d(a_1).$$

Daraus folgt $d(a_1) = d(b_1)$, und das bedeutet $d(a_1\bar{b}_1) = d(\bar{a}_1 b_1) = 0$. Dann muß aber nach dem Satz 12 $a_1\bar{b}_1 = \bar{a}_1 b_1 = 0$ sein. Damit ist $1 = b_1 \dotplus \bar{a}_1$, d. h., man kann a_1 durch ein gewisses b_j ersetzen.

Im Fall 2) setzen wir $q_h = (a_1 + \bar{b}_h)b_h$ $(h = 1, \ldots, n)$ und $c = q_1 + \cdots + q_n$.

Wegen $q_h \leqq b_h$ gilt

$$c = q_1 \dotplus \cdots \dotplus q_n.$$

Ist $(a_1 + \bar{b}_1)b_1 = b_1$, so ist $a_1 + \bar{b}_1 \geqq b_1$, woraus

$$a_1 + \bar{b}_1 \geqq b_1 + \bar{b}_1 = 1$$

folgt. Das ist ein Widerspruch. Folglich ist $q_1 = (a_1 + \bar{b}_1)b_1 < b_1$. Daher gilt

$$d(c) = d(q_1) + \cdots + d(q_n) < d(b_1) + \cdots + d(b_h) = d(1),$$

woraus sich $c < 1$ ergibt. Mit $r_h = a_1 + \bar{b}_h$ gilt $q_1 = r_1 b_1$. Ist

$$q_1 + \cdots + q_{i-1} = r_1 \ldots r_{i-1} (b_1 + \cdots + b_{i-1}),$$

so folgt unter Berücksichtigung der Ungleichungen

$$b_1 + \cdots + b_{i-1} \leqq \bar{b}_i \leqq r_i$$

und

$$b_i \leqq \bar{b}_1 \ldots \bar{b}_{i-1} \leqq r_1 \ldots r_{i-1}$$

sowie durch Anwendung des modularen Gesetzes

$$\begin{aligned} q_1 + \cdots + q_i &= r_1 \ldots r_{i-1} (b_1 + \cdots + b_{i-1}) + r_i b_i \\ &= r_i[r_1 \ldots r_{i-1} (b_1 + \cdots + b_{i-1}) + b_i] \\ &= r_1 \ldots r_i(b_1 + \cdots + b_i). \end{aligned}$$

Für $i = n$ ergibt die bewiesene Gleichung

$$c = q_1 + \cdots + q_n = r_1 \ldots r_n \cdot 1 = r_1 \ldots r_n \geqq a_1,$$

aus der

$$a_1 + \bar{a}_1 c = (a_1 + \bar{a}_1)c = c$$

und außerdem

$$a_1 \cdot \bar{a}_1 c = 0$$

folgt. Insgesamt gilt damit

$$c = a_1 \dotplus \bar{a}_1 c = q_1 \dotplus \cdots \dotplus q_n .$$

Unter Berufung auf den Satz 14 kann man davon ausgehen, daß sowohl $\bar{a}_1 c$ als auch alle q_h als direkte Summen unzerlegbarer Elemente darstellbar sind. Andererseits ist die Länge einer Kompositionsreihe des Verbandes $[0, c]$ kleiner als l. Daher läßt sich nach der Induktionsvoraussetzung c in der Form

$$c = e \dotplus \bar{a}_1 c$$

mit $e \dotplus f = q_h$ für einen geeigneten Index h schreiben. Dann gilt

$$e + \bar{a}_1 = e + \bar{a}_1 c + \bar{a}_1 = c + \bar{a}_1 = a_1 + \bar{a}_1 c + \bar{a}_1 = 1 ,$$

und folglich ist

$$0 \neq e \leqq q_h \leqq b_h .$$

Es gilt aber auch

$$e + b_h \bar{a}_1 = b_h (e + \bar{a}_1) = b_h$$

und

$$e \cdot b_h \bar{a}_1 = e c b_h \bar{a}_1 = [e(\bar{a}_1 c)] b_h = 0 ,$$

d. h., b_h läßt sich in der Form

$$b_h = e \dotplus b_h \bar{a}_1$$

darstellen. Wegen der Unzerlegbarkeit des Elementes b_h folgt daraus $e = b_h$. Es gilt also

$$1 = b_h + \bar{a}_1 ,$$

d. h., auch im zweiten Fall kann man a_1 durch ein gewisses b_h ersetzen. Dabei zeigt sich, daß $h \neq 1$ ist; denn wegen $q_1 < b_1$ kann b_1 nicht ein Summand in der direkten Summe von q_1 sein, aber für $h \neq 1$ gilt $b_1 q_h \leqq b_1 b_h = 0$.

Im Fall 3) gilt speziell die Ungleichung

$$b_1 + \bar{a}_1 < 1 .$$

Nach dem im Fall 2) erhaltenen Ergebnis folgt daraus die Darstellung

$$1 = a_h \dotplus \bar{b}_1$$

mit $h \neq 1$. Es gilt aber

$$1 = a_h \dotplus \bar{a}_h .$$

Deshalb existiert die perspektive Abbildung

$$\chi = P_{(\bar{b}_1 \to \bar{a}_h; a_h)} .$$

Infolgedessen gilt

$$\begin{aligned} \bar{a}_h &= a_1 \dotplus \cdots \dotplus a_{h-1} \dotplus a_{h+1} \dotplus \cdots \dotplus a_m \\ &= \chi(b_2) \dotplus \cdots \dotplus \chi(b_n), \end{aligned}$$

wobei die Summanden auf der rechten Seite der Gleichung unzerlegbar sind. Wenden wir auf den Verband $[0, \bar{a}_h]$ den zu beweisenden Satz an, erhalten wir

$$\bar{a}_h = \chi(b_k) \dotplus a_2 \dotplus \cdots \dotplus a_{h-1} \dotplus a_{h+1} \dotplus \cdots \dotplus a_m$$

mit einem geeigneten Index k. Weiterhin folgt

$$\begin{aligned} \chi(b_k) + a_h &= (b_k + a_h)\bar{a}_h + a_h = (b_k + a_h)(\bar{a}_h + a_h) \\ &= b_k + a_h, \end{aligned}$$

und damit gilt

$$\begin{aligned} b_k + \bar{a}_1 &= b_k + a_h + a_2 + \cdots + a_{h-1} + a_{h+1} + \cdots \\ &\quad + a_m = a_h + \chi(b_k) + a_2 + \cdots + a_{h-1} + a_{h+1} \\ &\quad + \cdots + a_m = a_h + \bar{a}_h = 1 . \end{aligned}$$

Der erhaltene Widerspruch zur Voraussetzung des Satzes beweist, daß der Fall 3) nicht eintreten kann.

Wir nehmen schließlich an, es sei $m < n$. Nach dem oben Bewiesenen lassen sich die Elemente $a_1, a_2, \ldots, a_m$ nacheinander durch gewisse b_j ersetzen. Als Ergebnis erhalten wir nach einer eventuell notwendigen Umnumerierung der Elemente b_j die Gleichung

$$b_1 + \cdots + b_p = b_1 + \cdots + b_n,$$

wobei $p \leqq m < n$ ist. Aus ihr folgt

$$b_n = (b_1 + \cdots + b_p)\, b_n = 0,$$

im Widerspruch zur Unzerlegbarkeit des Elementes b_n.

Wendet man den Satz von Ore auf den Verband aller Teilräume eines endlichdimensionalen Raumes an, so erhält man den Austauschsatz von Steinitz für zwei äquivalente Systeme linear unabhängiger Vektoren. Aus diesem Satz folgt, daß alle Basen die gleiche Anzahl linear unabhängiger Vektoren enthalten. Die Anwendung des Satzes von Ore auf die Verbände der Linksideale und der zweiseitigen Ideale eines Artinschen Ringes mit Einselement führt ebenfalls zu interessanten Folgerungen.

Ein Element a eines Verbandes L heißt *Primelement*, wenn aus $a = bc$ stets $a = b$ oder $a = c$ folgt.

Eine Darstellung des Elementes a in der Form $a = a_1 \ldots a_n$ heißt *reduzierte Primdarstellung*, wenn die Elemente $a_1, \ldots, a_n$ Primelemente sind und für alle $i = 1, \ldots, n$

$$a_1 \ldots a_{i-1} a_{i+1} \ldots a_n \nleqq a_i$$

gilt.

Satz 16 (Kurosch-Ore). *Sind*

$$w = a_1 \ldots a_m = b_1 \ldots b_n$$

zwei reduzierte Primdarstellungen des Elementes w eines modularen Verbandes L, so ist $m = n$ und zu jedem a_i gibt es ein Element b_j, so daß

$$w = a_1 \ldots a_{i-1} b_j a_{i+1} \ldots a_m$$

gilt.

Beweis. Wir setzen

$$\bar{a}_i = a_1 \ldots a_{i-1} a_{i+1} \ldots a_m$$

und

$$c_j = \bar{a}_1 b_j \quad (j = 1, \ldots, n).$$

Dann gilt

$$w \leqq c_1 \ldots c_n \leqq b_1 \ldots b_n \leqq w,$$

d. h.

$$w = c_1 \ldots c_n.$$

Aus dem Satz 9 geht hervor, daß $[a_1 \bar{a}_1, \bar{a}_1]$ und $[a_1, a_1 + \bar{a}_1]$ isomorphe Intervalle sind. a_1 ist ein Primelement des Verbandes $[a_1, a_1 + \bar{a}_1]$. Dann ist aber $w = a_1 \bar{a}_1 = c_1 \ldots c_n$ ein Primelement des Verbandes $[a_1 \bar{a}_1, \bar{a}_1]$. Da für alle j gilt $c_j \leqq \bar{a}_1$, folgt $w = c_j$ für ein j, d. h.

$$w = b_j a_2 \ldots a_m.$$

Wir nehmen $m < n$ an und verwenden das soeben erhaltene Ergebnis, um die Elemente $a_1, \ldots, a_n$ nacheinander durch geeignete b_j zu ersetzen. Als Resultat erhalten wir nach einer eventuell notwendigen Umnumerierung der Elemente b_j die Gleichung

$$b_1 \ldots b_p = b_1 \ldots b_n$$

mit $p \leqq m < n$, was der Reduziertheit der Primdarstellung

$$w = b_1 \ldots b_n$$

widerspricht.

Der Satz von Kurosch-Ore führt in der Idealtheorie von Ringen zu fruchtbaren Folgerungen.

Ein Element p eines Verbandes L mit Null heißt ein *Atom*, wenn p ein minimales Element in der Menge aller von Null verschiedenen Elemente von L ist. Ein Verband L mit 0 heißt *atomar*, wenn es zu jedem $a \in L$ mit $a \neq 0$ ein Atom p gibt, für das $p \leqq a$ gilt.

Satz 17. *Sei L ein modularer Verband und $a = b + p_1 + \cdots + p_n$, wobei die p_i Atome sind. Dann gilt bei ge-*

eigneter Numerierung

$$a = b \dotplus p_1 \dotplus \cdots \dotplus p_m.$$

(Der Fall $m = 0$ ist zugelassen.)

Beweis. O. B. d. A. sei für alle i

$$p_i \nleqq b + p_1 + \cdots + p_{i-1} + p_{i+1} + \cdots + p_n.$$

Ist $b + p_1 + \cdots + p_n$ keine direkte Summe, so gilt nach dem Satz 5 für ein k

$$0 < (b + p_1 + \cdots + p_{k-1})p_k \leqq p_k.$$

Da aber p_k ein Atom ist, folgt $(b + p_1 + \cdots + p_{k-1})p_k = p_k$, und das führt zu der Ungleichung

$$p_k \leqq (b + p_1 + \cdots + p_{k-1}) + (p_{k+1} + \cdots + p_n),$$

im Widerspruch zur Annahme.

Satz 18. *Ist*

$$a = p_1 + \cdots + p_n,$$

wobei $p_1, \ldots, p_n$ Atome eines modularen Verbandes sind, so besitzt der Verband $[0, a]$ eine Kompositionsreihe.

Beweis. Nach dem Satz 17 gilt

$$a = p_1 \dotplus \cdots \dotplus p_m.$$

Daher ist es möglich, den Satz durch Induktion über m zu beweisen. Für $m = 1$ ist er offenbar richtig, weil $[0, p_1]$ ein einfaches Intervall ist. Wir nehmen nun an, der Verband $[0, p_1 + \cdots + p_{m-1}]$ besitzt eine Kompositionsreihe. Aus dem Satz 9 folgt die Existenz eines Isomorphismus zwischen den Intervallen $[p_1 + \cdots + p_{m-1}, a]$ und $[p_m(p_1 + \cdots + p_{m-1}), p_m] = [0, p_m]$. Weil aber das Intervall $[0, p_m]$ einfach ist, ist alles bewiesen.

Satz 19. *Für einen modularen Verband L, der eine*

Kompositionsreihe besitzt, sind folgende Aussagen äquivalent:

(1) *L ist komplementär;*

(2) *jedes Element aus L läßt sich als direkte Summe von Atomen darstellen;*

(3) *1 läßt sich als Summe von Atomen darstellen.*

Beweis. Sei L ein komplementärer Verband, a ein Primelement aus L und $0 \leqq b < a$. Dann gilt nach dem Satz 3 $a = b \dotplus c$, woraus $a = c$ folgt. Daher ist $b = ab = bc = 0$, d. h., das Element a ist ein Atom. Die Aussage (2) folgt aus dem Satz 14.

Die Implikation (2) $\Rightarrow$ (3) gilt offensichtlich. Sei schließlich $a \in L$ und

$$1 = p_1 + \cdots + p_n,$$

wobei alle p_i Atome sind. Dann gilt

$$1 = a + p_1 + \cdots + p_n$$

und nach dem Satz 17

$$1 = a \dotplus (p_1 + \cdots + p_m),$$

womit die Aussage (1) bewiesen ist.

In Analogie zu dem Satz 19 formulieren wir jetzt einen Satz für vollständige Verbände. Dazu definieren wir zunächst den Begriff der *gerichteten Menge.* Darunter verstehen wir eine teilweise geordnete Menge Ω, in der zu beliebigen Elementen $\alpha, \beta \in \Omega$ ein Element $\gamma \in \Omega$ existiert mit der Eigenschaft $\gamma \geqq \alpha$ und $\gamma \geqq \beta$. Ein *vollständiger Verband* L heißt *stetig,* wenn für beliebige $a \in L$ und beliebige gerichtete Teilmengen $\Omega \subseteq L$ gilt

$$a \sup \Omega = \sup (a\Omega).$$[1]

[1] Die Begriffe „gerichtet" und „stetig" müßten genaugenommen als „nach oben gerichtet" und „von oben stetig" bezeichnet werden. Das geschieht nur deshalb nicht, weil die entsprechenden dualen Begriffe hier nicht betrachtet werden.

Man verifiziert unschwer, daß ein vollständiger Verband, der eine Kompositionsreihe besitzt, stetig ist.

Satz 20. *Sei L ein vollständiger modularer Verband. Dann gilt:*

a) *Ist L atomar und komplementär, so läßt sich jedes von Null verschiedene Element aus L als obere Grenze einer Menge von Atomen darstellen.*

b) *Ist L stetig und ist sein Einselement gleich der oberen Grenze der Menge aller Atome, dann ist L atomar und komplementär.*

Beweis. a) Sei $a \in L$, $a \neq 0$, $A = \{p/p$ ist ein Atom und $p \leqq a\}$ und $b = \sup A$.
Dann ist sicher $a \geqq b$. Ist $a \neq b$, so existiert nach dem Satz 3 ein $c \neq 0$, so daß $a = b + c$ ist. Gemäß der Voraussetzung existiert ein Atom q derart, daß $q \leqq c \leqq a$ ist. Dann gehört q aber zu A, woraus $q \leqq bc = 0$ folgt. Der erhaltene Widerspruch widerlegt die Annahme $a \neq b$, also ist $a = \sup A$.

b) Bezeichne A die Menge der Atome und Ω die Menge aller endlichen Summen von Atomen. Ist $a \in L$, $a \neq 0$, so gilt

$$a = a1 = a \sup A = a \sup \Omega = \sup (a\Omega),$$

da Ω eine gerichtete Menge ist. Folglich ist $as \neq 0$ für ein $s \in \Omega$. Sei

$$s = p_1 + \cdots + p_m$$

eine Darstellung von s als Summe von Atomen $p_1, \ldots, p_m$. Aus den Sätzen 18 und 19 geht hervor, daß es ein Atom q mit $q \leqq as \leqq a$ geben muß. Damit ist bewiesen, daß der Verband L atomar ist. Sei erneut $a \in L$ und bezeichne B die Menge $\{x \mid ax = 0\}$. Ist C eine Kette aus B, so folgt aus der Stetigkeit des Verbandes L

$$a \cdot \sup C = \sup aC = \sup 0 = 0,$$

d. h., es ist $\sup C \in B$. Das Lemma von Kuratowski-Zorn gestattet, auf die Existenz eines maximalen Elementes b in B zu schließen. Natürlich ist dann $ab = 0$. Ist $a + b \neq 1$, so existiert ein Atom p mit $p \nleq a + b$. Dann ist aber $p(a + b) < p$, und folglich ist $p(a + b) = 0$. Nach dem Satz 5 ergibt sich daraus $a(b + p) = 0$. Diese Gleichung widerspricht der Maximalität des Elementes b, womit der Beweis beendet ist.

Ein modularer Verband F heißt *freier modularer Verband* mit dem System P von freien Erzeugenden, wenn folgendes gilt:

(1) $P \subseteq F$;

(2) F wird von der Menge P erzeugt;

(3) zu jeder Abbildung φ der Menge P in einen beliebigen modularen Verband L gibt es einen Homomorphismus ψ des Verbandes F in den Verband L derart, daß für alle $x \in P$ gilt $\psi(x) = \varphi(x)$.

Den freien modularen Verband, dessen System freier Erzeugender aus n Elementen besteht, werden wir mit $FML(n)$ bezeichnen.

Satz 21. *Zu jeder nichtleeren Menge P gibt es einen freien modularen Verband mit P als System freier Erzeugender.*[1])

Beweis. Wir betrachten die Menge $\mathfrak{M}$ aller modularen Verbände, die von einer Teilmenge erzeugt werden, deren Mächtigkeit nicht größer ist als die Mächtigkeit der Menge P. Jeder derartige Verband soll dabei in so vielen Exemplaren in $\mathfrak{M}$ aufgenommen werden, wie es Abbildungen von P auf das System seiner freien Erzeugenden gibt. Ferner betrachten wir das direkte Produkt aller auf diese Weise erhaltenen Verbände. Man verifiziert leicht, daß dieses wiederum ein modularer Verband ist. Wir bezeichnen ihn mit G. Jedem Element x aus P ordnen wir dann diejenige Zeile $\Phi(x)$ aus G zu, die aus den Bildern von x bei den oben angegebenen Abbildungen besteht,

[1]) Der Satz 21 stellt den Spezialfall eines entsprechenden Satzes in der Theorie der universellen Algebren dar.

und bezeichnen mit F den von der Menge $\Phi(P)$ erzeugten Teilverband des Verbandes G. Da die Mächtigkeit des direkten Produktes von P Exemplaren zweielementiger Ketten nicht kleiner ist als die Mächtigkeit von P, gibt es unter den Verbänden der Menge $\mathfrak{M}$ einen, dessen System freier Erzeugender eineindeutig auf P abgebildet werden kann. Dann ist aber auch die Abbildung Φ eineindeutig. Daher kann die Menge P mit $\Phi(P)$ identifiziert werden. Danach ist klar, daß der modulare Verband F die Eigenschaften (1) und (2) der Definition eines freien modularen Verbandes besitzt. Ist φ eine Abbildung der Menge P in einen modularen Verband L, so kommt der von der Menge $\varphi(P)$ erzeugte Teilverband des Verbandes L zusammen mit der Abbildung φ in unserem System $\mathfrak{M}$ vor. Sei π die Projektion des Verbandes G auf den entsprechenden direkten Summanden. Für beliebige $x \in P$ gilt $\varphi(x) = \pi(\Phi(x))$. Indem wir also $\psi = \pi\Phi$ setzen, überzeugen wir uns davon, daß die Aussage (3) der Definition zutrifft.

Satz 22. *Der Verband $FML(3)$ ist endlich.*

Beweis. Seien x, y und z freie Erzeugende des Verbandes $F = FML(3)$ und des Verbandes $G = FL(3)$. Aus der Eigenschaft (5) der Definition der freien Erweiterung läßt sich leicht ableiten, daß ein Homomorphismus φ des Verbandes G auf den Verband F existiert. Indem wir uns auf das in § 5 beschriebene Konstruktionsverfahren für den Verband G beziehen, betrachten wir die folgenden 28 Wörter:

$$x, y, z, x + y, x + z, y + z, x + y + z, xy, xz, yz, xyz,$$
$$(x + y)(x + z), (x + y)(y + z), (x + z)(y + z), xy + xz,$$
$$xy + yz, xz + yz, x + yz, y + xz, z + xy, x(y + z)$$
$$y(x + z), z(x + y), (x + y)(x + z)(y + z), xy + xz + yz,$$
$$(x + yz)(y + z), (y + xz)(x + z,) (z + xy)(x + y).$$

Diese Wörter identifizieren wir mit ihren Bildern bei dem Homomorphismus φ. Ohne auf prinzipielle Schwierigkeiten zu stoßen, zeigt man durch Nachrechnen, daß Addition und Multiplikation im Verband F nicht aus der Menge dieser 28 Wörter hinausführen, womit der Satz bewiesen ist. Natürlich ist beim Rechnen das modulare Gesetz zu berücksichtigen.

Wir merken an, daß die eben durchgeführten Überlegungen nur beweisen, daß der Verband $FML(3)$ höchstens 28 Elemente besitzt. Man kann jedoch zeigen, daß er genau 28 Elemente enthält.

Satz 23. *Der Verband* $FML(4)$ *ist unendlich.*

Beweis. Man überzeugt sich leicht davon, daß jeder modulare Verband mit vier Erzeugenden ein homomorphes Bild des Verbandes $FML(4)$ ist. Daher genügt es für den Beweis des Satzes, wenigstens einen unendlichen modularen Verband mit vier Erzeugenden anzugeben. Zu diesem Zweck sondern wir aus dem Verband aller Teilräume eines abzählbar-unendlich dimensionalen linearen Raumes über einem bestimmten Körper mit der Basis $e_1, e_2, \ldots$ den Teilverband aus, der von den folgenden vier Teilräumen S_1, S_2, S_3, S_4 erzeugt wird:

S_1 sei die lineare Hülle der Vektoren e_{2k} $(k = 1, 2, \ldots)$;

S_2 sei die lineare Hülle der Vektoren $e_{2k} + e_{2k+1}$ $(k = 1, 2, \ldots)$;

S_3 sei die lineare Hülle der Vektoren e_{2k-1} $(k = 1, 2, \ldots)$;

S_4 sei die lineare Hülle der Vektoren $e_{2k-1} + e_{2k}$ $(k = 1, 2, \ldots)$.

Bezeichne T_r die lineare Hülle der Vektoren $e_{2r}, e_{2r+2}, \ldots$. Einfaches Nachrechnen zeigt, daß

$$T_{r+1} = [(T_r + S_2) \cap S_3 + S_4] \cap S_1$$

gilt. Da $T_1 = S_1$ und $S_1 \in L$ ist, leitet man leicht ab, daß für alle $r = 1, 2, \ldots$ $T_r \in L$ ist. Weil aber alle Teilräume T_r verschieden sind, ist damit bewiesen, daß der Verband L unendlich viele Elemente besitzt.

Übungen

1. Man beweise die Gleichwertigkeit der Modularität eines Verbandes L mit jeder der folgenden Aussagen:

a) $a + b(a + c) = (a + b)(a + c)$;

b) $(a + bc)(b + c) = a(b + c) + bc$;

c) ist $a \leqq c$ und $d \leqq b$, so ist $a + b(c + d) = (a + b)c + d$;

d) ist $a \leqq c \leqq a + b$, so ist $a + bc = c$;

e) ist $a \leqq b \leqq c + d$, $ac = bc$ und $(a + c)d = (b + c)d$, so ist $a = b$;

f) L enthält keinen Teilverband wie er auf Abb. 9 dargestellt ist.

2. Sind x und y Komplemente des Elementes z im Intervall $[a, b]$ eines modularen Verbandes und ist $x \leqq y$, so ist $x = y$.

3. In einem modularen Verband gilt stets die Gleichung $(ab + ac)(ab + bc) = ab$, und aus der Beziehung $(a + b)c = bc$ folgt $a(b + c) = ab$.

4. In einem modularen Verband mit Null folgt aus der Gleichung $(a_1 + \cdots + a_n)b = 0$ stets $(a_1 + b)\ldots(a_n + b) = a_1\ldots a_n + b$.

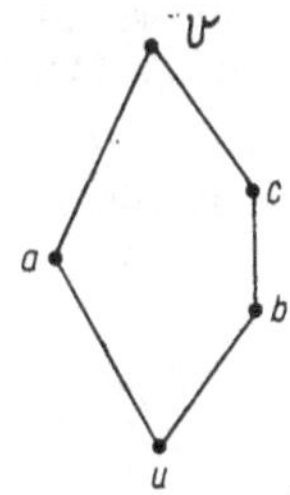

Abb. 9

5. Sind $a_1, \ldots, a_n, b_1, \ldots, b_n$ Elemente eines modularen Verbandes und gilt $a_i \leqq b_j$ für $i \neq j$, so ist

$$(a_1 + \cdots + a_n)b_1\ldots b_n = a_1b_1 + \cdots + a_nb_n.$$

6. Die Ordinalsumme modularer Verbände ist modular.

7. Ein Verband ist dann und nur dann modular, wenn der Verband seiner Ideale modular ist.

8. Die Elemente a und b eines modularen Verbandes mit Null und Eins besitzen Komplemente, wenn die Elemente ab und $a + b$ Komplemente haben.

9. Ist C eine Kette in einem komplementären modularen Verband L, der eine Kompositionsreihe besitzt, so enthält L auch die Kette C^*, die zur Kette C dual ist und aus den Komplementen der Elemente von C besteht.

10. Ein komplementärer modularer Verband, der die Maximalbedingung erfüllt, genügt auch der Minimalbedingung.

11. Die Relation $\equiv$,
$a \equiv b \underset{\text{def}}{=}$ das Intervall $[ab, a + b]$ enthält eine endliche maximale Kette; die für die Elemente a, b eines modularen Verbandes erklärt ist, ist eine Kongruenz.

12. Sind d und d' Dimensionsfunktionen auf einem modularen Verband, so ist $d - d' = \text{const}$.

13. Man formuliere und beweise den zum Satz von Kurosch-Ore dualen Satz.

14. Man überzeuge sich anhand des auf Abb. 10 dargestellten Verbandes, daß es unmöglich ist, in den Voraussetzungen des Satzes von Kurosch-Ore auf die Modularität zu verzichten.

15. Sei L ein modularer Verband, $a \in L$ und $a = p_1 \dotplus \cdots \dotplus p_m = q_1 \dotplus \cdots \dotplus q_n$, wobei die p_i und q_j Atome sind. Es ist zu be-

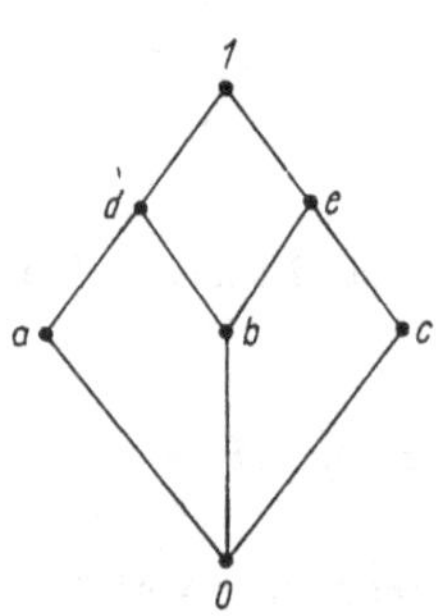

Abb. 10

weisen, daß $m = n$ ist und für einen Index j $a = p_1 \dotplus \cdots \dotplus p_{m-1} \dotplus q_j$ gilt.

16. Ein beliebiges Intervall eines atomaren komplementären modularen Verbandes ist ein atomarer (Teil-)Verband.

17. Man beweise, daß es zu einem System freier Erzeugender bis auf Isomorphie nur einen freien modularen Verband gibt.

18. Jeder Teilverband eines freien modularen Verbandes, der von einer Teilmenge der freien Erzeugenden erzeugt wird, ist frei.

19. Zu einer beliebigen Menge $\{L_\alpha \mid \alpha \in \Omega\}$ von modularen Verbänden L_α existiert ein modularer Verband L, der von der Vereinigung $\bigcup_{\alpha\in\Omega} L_\alpha$ erzeugt wird, mit der Eigenschaft, daß zu jeder beliebigen Auswahl $\{\varphi_\alpha \mid \alpha \in \Omega\}$ von Homomorphismen der Verbände L_α in einen modularen Verband M ein Homomorphismus von L in M existiert, der auf jedem L_α mit φ_α übereinstimmt.

7. Distributive Verbände

Ein Verband L heißt *distributiv*, wenn für beliebige $a, b, c \in L$ die Gleichung

$$(a + b)c = ac + bc$$

gilt.

Das wichtigste Beispiel für einen distributiven Verband ist der Verband aller Teilmengen einer beliebigen Menge. Dagegen ist der modulare Verband aller Teilräume eines linearen Raumes nicht mehr distributiv. Jede Kette ist ein distributiver Verband.

Satz 1. *Folgende Aussagen über einen Verband L sind äquivalent:*

(1) *L ist distributiv;*

(2) $ab + c = (a + c)(b + c)$ *für beliebige* $a, b, c \in L$;

(3) $ab + bc + ca = (a + b)(b + c)(c + a)$ *für beliebige* $a, b, c \in L$;

(4) *gilt* $a + c = b + c$ *und* $ac = bc$ *mit einem Element* $c \in L$, *so ist* $a = b$.

Beweis. (1) ⇒ (2). Es gilt

$$(a + c)(b + c) = (a + c)b + c = ab + bc + c = ab + c.$$

(2) ⇒ (3). Man erhält

$$\begin{aligned} ab + bc + ca &= (a + bc + ca)(b + bc + ca) \\ &= (a + bc)(b + ca) \\ &= (b + a)(c + a)(b + c)(b + a) \\ &= (a + b)(b + c)(c + a). \end{aligned}$$

(3) ⇒ (1). Für $a \leqq c$ gilt

$$\begin{aligned} ac + bc &= ab + bc + ca = (a + b)(b + c)(c + a) \\ &= c(a + b)(b + c) = c(a + b). \end{aligned}$$

Es sei $u = ab + bc + ca$ und $v = (a + b)(b + c)(c + a)$. Nach Voraussetzung ist $u = v$ und daher auch $cu = cv$. Unter Berücksichtigung des oben Bewiesenen ergibt sich

$$cu = c(ab + bc + ac) = c(bc + ac) + abc = ac + bc$$

und

$$cv = c(a + b)(b + c)(a + c) = c(a + b),$$

was zu beweisen war.

(1) ⇒ (4). Ist $a + c = b + c$ und $ac = bc$, so folgt unter Berufung auf die Aussage (1)

$$\begin{aligned} a = a(a + c) = a(b + c) &= ab + ac = ab + bc \\ &= (a + c)b = (b + c)b = b. \end{aligned}$$

(4) ⇒ (3). Zur Abkürzung setzen wir

$$u = ab + bc + ac, \quad v = (a + b)(b + c)(a + c),$$
$$p = ac + b(a + c), \quad q = bc + a(b + c)$$

und

$$r = ab + c(a + b).$$

Aus dem Satz 6.1 und der vorausgesetzten Aussage (4) folgt die Gültigkeit des modularen Gesetzes. Daher gelten die folgenden Gleichungen

$$\begin{aligned} p + r &= [ac + b(a + c)] + [ab + c(a + b)] \\ &= b(a + c) + c(a + b) = (a + b)\,[b(a + c) + c] \\ &= (a + b)\,(a + c)\,(b + c) = v, \\ q + r &= [bc + a(b + c)] + [ab + c(a + b)] \\ &= a(b + c) + c(a + b) = (a + b)\,[a(b + c) + c] \\ &= (a + b)\,(b + c)\,(a + c) = v, \\ pr &= [ac + b(a + c)]\,[ab + c(a + b)] \\ &= ab + [ac + b(a + c)]\,c(a + b) \\ &= ab + [ac + b(a + c)c]\,(a + b) = u \end{aligned}$$

und

$$\begin{aligned} qr &= [bc + a(b + c)]\,[ab + c(a + b)] \\ &= ab + [bc + a(b + c)]\,c(a + b) \\ &= ab + [bc + a(b + c)c]\,(a + b) = u. \end{aligned}$$

Nach Aussage (4) ist $p = q$. Daraus erhält man

$$\begin{aligned} p = p + q &= [ac + b(a + c)] + [bc + a(b + c)] \\ &= b(a + c) + a(b + c) = (a + c)\,[b + a(b + c)] = v \end{aligned}$$

und

$$\begin{aligned} p = pq &= [ac + b(a + c)]\,[bc + a(b + c)] \\ &= bc + [ac + b(a + c)]\,a(b + c) \\ &= bc + [ac + b(a + c)\,a]\,(b + c) = u. \end{aligned}$$

Insgesamt folgt $u = p = v$, was zu zeigen war.

Die Aussage (3) des Satzes 1 läßt erkennen, daß die zu einem distributiven Verband duale teilweise geordnete Menge wieder ein distributiver Verband ist. Daher gilt auch in distributiven Verbänden das Dualitätsprinzip.

Satz 2. *Jedes Ideal I und jeder Filter E eines distributiven Verbandes L ist ein Standardideal bzw. ein Standardfilter.*

Beweis. Sind a und b aus L, s aus I und gilt $a \leqq b + s$ so ist $a = a(b + s) = ab + as$. Man erkennt sofort, daß $ab \leqq b$ und $as \in I$ gilt. Die zweite Behauptung gilt nach dem Dualitätsprinzip.

Für distributive Verbände läßt sich die Frage nach dem Zusammenhang zwischen Idealen und Homomorphismen vollständig aufklären.

Satz 3 (Hashimoto). *Folgende Aussagen über einen Verband L sind äquivalent:*

(1) *L ist distributiv;*

(2) *jedes Ideal des Verbandes L ist das Kernideal einer Kongruenz;*

(3) *jeder Filter des Verbandes L ist der Kernfilter einer Kongruenz;*

(4) *jeder konvexe Teilverband des Verbandes L ist eine Äquivalenzklasse einer Kongruenz.*

Beweis. Die Implikationen (1) ⇒ (2) und (1) ⇒ (3) ergeben sich aus den Sätzen 2, 4.9 und 4.11. Aus den Aussagen (2) und (3) folgt nach dem Satz 4.8 die Aussage (4). Damit haben wir auch die Implikation (1) ⇒ (4) bewiesen.

(4) ⇒ (2) gilt offensichtlich. Es bleiben nur noch die Implikationen (2) ⇒ (1) und (3) ⇒ (1) nachzuweisen. Da sie zueinander dual sind, genügt es, wenn wir (2) ⇒ (1) beweisen. Wir nehmen dazu an, daß für den Verband L die Aussage (2) gilt und daß L nicht modular ist. Dann existieren in L Elemente a, b und c derart, daß $a \leqq c$ und $(a + b)c > a + bc$ gilt. Nach der Voraus-

setzung ist das Hauptideal $(a + bc)^\triangledown$ das Kernideal einer gewissen Kongruenz $\equiv$. Wegen $a \in (a + bc)^\triangledown$ gilt daher

$$(a + b)c \equiv bc \equiv a + bc.$$

Damit ist auch

$$(a + b)c \in (a + bc)^\triangledown,$$

was der Annahme widerspricht. Der Verband L ist also modular. Ist L nicht distributiv, so existieren Elemente a, b, c in L, für die

$$(a + b)c > ac + bc$$

gilt. Ist $\equiv$ eine Kongruenz mit dem Kernideal $(a + bc)^\triangledown$, so ist $(a + b)c = (a + bc + b)c \equiv bc$, woraus sich $(a + b)c \leqq a + bc$ ergibt. Nach dem modularen Gesetz erhalten wir

$$(a + b)c \leqq (a + bc)c = ac + bc,$$

im Widerspruch zur Annahme.

Satz 4 (Kolibiar-Hashimoto-Grätzer-Schmidt). *Folgende Aussagen sind für einen distributiven Verband L äquivalent:*

(1) *L ist ein relativ komplementärer Verband;*

(2) *jedes Ideal des Verbandes L ist das Kernideal genau einer Kongruenz;*

(3) *jeder Filter des Verbandes L ist der Kernfilter genau einer Kongruenz;*

(4) *jeder konvexe Teilverband des Verbandes L ist Äquivalenzklasse genau einer Kongruenz;*

(5) *zwei beliebige Kongruenzen des Verbandes L sind vertauschbar.*

Beweis. Die Implikation (1) $\Rightarrow$ (4) folgt aus den Sätzen 3 und 4.6. Nach dem Satz 4.7 gilt die Implikation (1) $\Rightarrow$ (5). (4) $\Rightarrow$ (2) und (4) $\Rightarrow$ (3) sind offensichtlich.

Um die Implikation (5) $\Rightarrow$ (1) zu beweisen, wählen wir ein beliebiges c aus dem Intervall $[a, b]$. Nach dem Satz 2 ist das Ideal c^{∇} das Kernideal und der Filter c^{Δ} der Kernfilter der in den Sätzen 4.9 bzw. 4.11 beschriebenen Kongruenzen. Die erste Kongruenz wollen wir hier mit $\equiv$ bezeichnen, die zweite mit $\approxeq$. Weil $a \equiv c$ und $c \approxeq b$ gilt, muß es nach Aussage (5) ein Element d geben mit $a \approxeq d$ und $d \equiv b$. Diesen Kongruenzen entsprechen nach ihrer Definition die Gleichungen $ad = (a + d)v$ und $d + b = db + u$ mit $u \leqq c \leqq v$. Daraus folgt

$$a = ac \leqq av \leqq ad \leqq d \leqq d + b \leqq b + u \leqq b + c = b,$$

und es gilt

$$c + d = c + d + db + u = c + d + b = b$$

und

$$cd = cd(a + d)v = cda = a.$$

Wir haben bewiesen, daß das Element d ein Komplement des Elementes c im Intervall $[a, b]$ ist; was zu zeigen war.

Da die beiden noch fehlenden Implikationen (2) $\Rightarrow$ (1) und (3) $\Rightarrow$ (1) zueinander dual sind, beweisen wir nur die erste. Sei dazu c ein von a und b verschiedenes Element des Intervalls $[a, b]$ und S die Menge aller s aus L mit $cs \leqq a$. Die Distributivität des Verbandes L gestattet den Nachweis, daß S ein Ideal ist. Nach dem Satz 2 ist dieses Ideal das Kernideal der im Satz 4.9 beschriebenen Kongruenz θ. Aus den Sätzen 2 und 4.11 ergibt sich, daß in dem Faktorverband $\bar{L} = L/\theta$ eine Kongruenz $\bar{\theta}$ mit dem Kernfilter $\bar{c}^{\Delta}$ existiert. Bezeichne ϱ den Kern des Homomorphismus des Verbandes L auf den Faktorverband $\bar{L}/\bar{\theta}$ und T das Kernideal der Kongruenz ϱ. Dann ist $S \subseteq T$. Für ein $t \in T$ gilt nach der Definition der Kongruenz $\bar{\theta}$

$$\bar{0} = \bar{t}\bar{0} = (\bar{t} + \bar{0})\bar{u} = \bar{t}\bar{u},$$

wobei $\bar{c}\bar{u} = \bar{c}$ und $\bar{0}$ die Null des Verbandes $\bar{L}$ ist. Daraus folgt $\bar{0} = \bar{t}\bar{c}$ und weiterhin $tc\theta s$, wobei $s \in S$

ist. Das bedeutet, daß

$$tc \leqq tc + s = tcs + s' \leqq ta + s' \leqq a + s'$$

mit $s' \in S$ ist. Multiplikation mit c ergibt

$$tc \leqq ac + s'c \leqq a,$$

d. h. $t \in S$. Nach der Aussage (2) folgt aus der Gleichung $S = T$ die Gleichung $\theta = \varrho$. Aus der Kongruenz $\bar{b}\bar{\theta}\bar{c}$ ergibt sich $b\varrho c$, was gleichbedeutend mit $b\theta c$ ist. Damit gilt für $s \in S$

$$b = b + c = bc + s = c + s.$$

Dann ist aber auch

$$c + (a + s) = c + s = b$$

und

$$a \leqq c(a + s) = ca + cs \leqq a,$$

d. h.

$$c(a + s) = a.$$

Das Element $a + s$ ist also ein Komplement des Elementes c in dem Intervall $[a, b]$. Hiermit ist der Beweis beendet.

Satz 5 (Stone). *Sind a und b verschiedene Elemente eines distributiven Verbandes L, dann existiert eine Kongruenz θ, so daß $a \not\theta\, b$ gilt und der Faktorverband L/θ eine zweielementige Kette ist.*

Beweis. O. B. d. A. sei $b \nleqq a$. Dann enthält die Menge $\mathfrak{P}$ aller Ideale I des Verbandes L, für die $a \in I$ und $b \notin I$ gilt, sicher das Ideal $a^\triangledown$. Die Menge $\mathfrak{P}$ ist in natürlicher Weise geordnet. Ist

$$\mathfrak{C}: I_1 \subseteq \cdots \subseteq I_\alpha \subseteq \cdots$$

eine Kette aus $\mathfrak{P}$, so beweist man leicht, daß die Vereinigung $\bigcup I_\alpha$ Element von $\mathfrak{C}^\vartriangle$ ist. Nach dem Lemma von

KURATOWSKI-ZORN enthält die Menge $\mathfrak{P}$ ein maximales Element H. Das Ideal H ist nach dem Satz 3 das Kernideal einer gewissen Kongruenz $\equiv$. Es gilt natürlich $a \not\equiv b$. Gehört das Element x nicht zu H, so zeigt man leicht, daß die Menge J aller Summen der Form $y + s$ mit $y \leqq x$ und $s \in H$ ein Ideal ist. Wegen $H \subset J$ ist $b \in J$. Es existiert also ein $y, y \leqq x$, und ein $s \in H$, so daß $b = y + s$ ist, und es gilt

$$b \equiv y \leqq x .$$

Die von Null verschiedenen Elemente des Faktorverbandes $L/\equiv$ bilden einen Filter. Dieser Filter ist der Kernfilter eines Homomorphismus des Verbandes $L/\equiv$ auf eine zweielementige Kette C. Der Kern des Homomorphismus von L auf C stellt die gesuchte Kongruenz dar.

Satz 6 (BIRKHOFF). *Jeder distributive Verband L ist zu einem Verband von Teilmengen einer gewissen Menge isomorph* (nicht notwendig zum Verband aller Teilmengen dieser Menge).

Beweis. Bezeichne $\mathfrak{M}$ die Menge aller Paare (a, b) voneinander verschiedener Elemente a, b aus L. Unter Verwendung des Satzes 5 läßt sich zu jedem Paar (a, b) aus $\mathfrak{M}$ eine Kongruenz $\theta_{a,b}$ angeben, so daß $a \not\theta_{a,b} b$ gilt und der Faktorverband $L/\theta_{a,b}$ eine zweielementige Kette ist. Bezeichne ferner $\varphi_{a,b}$ den natürlichen Homomorphismus von L auf $L/\theta_{a,b}$. Für $x \in L$ setzen wir

$$\Phi(x) = \{(a, b) \mid (a, b) \in \mathfrak{M}, \varphi_{a,b}(x) = 1\}.$$

Durch diese Festlegung wird jedem Element des Verbandes L eine Teilmenge der Menge $\mathfrak{M}$ zugeordnet. Seien x und y aus L. Ist $x \neq y$, so ist auch $\varphi_{x,y}(x) \neq \varphi_{x,y}(y)$ und folglich $\Phi(x) \neq \Phi(y)$. Außerdem gilt $\varphi_{a,b}(x + y) = 1$ dann und nur dann, wenn $\varphi_{a,b}(x) = 1$ oder $\varphi_{a,b}(y) = 1$ ist. Daher gehört (a, b) dann und nur dann zu $\Phi(x + y)$, wenn es zu $\Phi(x)$ oder zu $\Phi(y)$ gehört. Folglich gilt $\Phi(x + y)$

$= \Phi(x) \cup \Phi(y)$. Entsprechend ist genau dann $\varphi_{a,b}(xy) = 1$, wenn $\varphi_{a,b}(x) = \varphi_{a,b}(y) = 1$ ist. Das führt zu der Gleichung $\Phi(xy) = \Phi(x) \cap \Phi(y)$. Φ ist der gesuchte Verbands-Isomorphismus.

Durch einfache Induktionsbeweise verifiziert man in einem distributiven Verband folgende „Rechenregeln“:

$$a \sum_{i=1}^{m} b_i = \sum_{i=1}^{m} a b_i,$$

$$a + \prod_{i=1}^{m} b_i = \prod_{i=1}^{m} (a + b_i),$$

$$\sum_{i=1}^{m} a_i \sum_{j=1}^{n} b_j = \sum_{i=1}^{m} \sum_{j=1}^{n} a_i b_j$$

und

$$\prod_{i=1}^{m} a_i + \prod_{j=1}^{n} b_j = \prod_{i=1}^{m} \prod_{j=1}^{n} (a_i + b_j).$$

Nicht sehr viel schwieriger lassen sich die beiden Gleichungen

$$\prod_{i=1}^{m} \sum_{j=1}^{n_i} b_{ij} = \sum_{\varphi \in \Phi} \prod_{i=1}^{m} b_{i\varphi(i)} \quad \text{und} \quad \sum_{i=1}^{m} \prod_{j=1}^{n_i} b_{ij} = \prod_{\varphi \in \Phi} \sum_{i=1}^{m} b_{i\varphi(i)}$$

beweisen, in denen Φ alle Funktionen φ enthält, die jedem Index i aus der Menge $\{1, \ldots, m\}$ einen Index $\varphi(i) \in \{1, \ldots, n_i\}$ zuordnen. Beweisen wir als Beispiel die erste dieser Gleichungen. Für $m = 2$ stimmen sie mit einer der oben angegebenen überein. Ferner gilt

$$\prod_{i=1}^{m} \sum_{j=1}^{n_i} b_{ij} = \left(\prod_{i=1}^{m-1} \sum_{j=1}^{n_i} b_{ij}\right) \sum_{j=1}^{n_m} b_{mj} = \left(\sum_{\varphi \in \Phi'} \prod_{i=1}^{m-1} b_{i\varphi(i)}\right) \sum_{j=1}^{n_m} b_{mj}$$

$$= \sum_{j=1}^{n_m} \sum_{\varphi \in \Phi'} \left(\prod_{i=1}^{m-1} b_{i\varphi(i)}\right) b_{mj} = \sum_{\varphi \in \Phi} \prod_{i=1}^{m} b_{i\varphi(i)},$$

wobei die Menge Φ' von allen Funktionen gebildet wird, die durch Einschränkung der Funktionen aus Φ auf die Menge $\{1, \ldots, m - 1\}$ entstehen.

Für vollständige Verbände lassen sich als unendliche Analoga der obigen Gleichungen *unendliche distributive Gesetze* formulieren:

$$a \cdot \sup B = \sup (aB), \tag{71}$$

$$a + \inf B = \inf (a + B), \tag{71'}$$

$$\sup A \cdot \sup B = \sup (AB), \tag{72}$$

$$\inf A + \inf B = \inf (A + B), \tag{72'}$$

$$\inf_{\alpha\in A} \sup_{\beta\in B_\alpha} \{a_{\alpha\beta}\} = \sup_{\varphi\in\Phi} \inf_{\alpha\in A} \{a_{\alpha\varphi(\alpha)}\}, \tag{73}$$

$$\sup_{\alpha\in A} \inf_{\beta\in B_\alpha} \{a_{\alpha\beta}\} = \inf_{\varphi\in\Phi} \sup_{\alpha\in A} \{a_{\alpha\varphi(\alpha)}\}, \tag{73'}$$

wobei

$$AB = \{ab \mid a \in A, b \in B\}, A + B = \{a + b \mid a \in A, b \in B\}$$

gilt und Φ aus allen eindeutigen Funktionen besteht, die einem Element α aus A ein Element $\varphi(\alpha)$ aus B_α zuordnen. Wir überzeugen uns davon, daß die Gleichungen (71) und (71′) (und damit auch alle übrigen) nicht in jedem vollständigen distributiven Verband gelten und daß im Unterschied zum endlichen Fall im allgemeinen keine dieser Gleichungen aus der anderen folgt.

Dazu betrachten wir die Menge der nichtnegativen ganzen Zahlen mit der Teilbarkeit als Ordnungsrelation (d. h. $a \leqq b \underset{\text{def}}{=} a$ teilt b). Zusätzlich legen wir fest, daß 0 Teiler von 0 ist. Man verifiziert leicht, daß $\sup A = \underset{a\in A}{\mathrm{kgV}}\{a\}$ und $\inf A = \underset{a\in A}{\mathrm{ggT}}\{a\}$[1]) gilt.

Ganz einfach ist der Beweis für die Gleichung (71′), aus der insbesondere folgt, daß der entstehende Verband distributiv ist. Es ist jedoch

$$\mathrm{ggT}\,\{2, \underset{1\leqq k<\infty}{\mathrm{kgV}}\,\{2k-1\}\} = \mathrm{ggT}\,\{2, 0\} = 2$$

[1]) Mit $\underset{a\in A}{\mathrm{kgV}}\{a\}$ und $\underset{a\in A}{\mathrm{ggT}}\{a\}$ wird das kleinste gemeinsame Vielfache und der größte gemeinsame Teiler der jeweils betrachteten Zahlen $a \in A$ bezeichnet. (Anm. d. Red.)

und

$$\operatorname*{kgV}_{1 \leqq k < \infty} \{ggT\{2, (2k-1)\}\} = \operatorname*{kgV}_{1 \leqq k > \infty} \{1\} = 1,$$

womit bewiesen ist, daß die Gleichung (71) nicht gilt.

Satz 7. *Die folgenden Aussagen über einen vollständigen Verband L sind äquivalent:*

(1) *in L gilt die Gleichung* (71);

(2) *in L gilt die Gleichung* (72);

(3) *L ist stetig und distributiv.*

Beweis. Die Implikationen (1) ⇒ (3) und (2) ⇒ (1) überlegt man sich schnell. Aus der Gleichung (71) folgt

$$\sup A \cdot \sup B = \sup_{a \in A} (a \sup B) = \sup_{a \in A} \sup (aB) = \sup AB,$$

d. h., es gilt die Gleichung (72).

Unter Voraussetzung der Aussage (3) betrachten wir das System $\{B_\alpha\}$ aller endlichen Teilmengen der Menge B und setzen bei gegebenem $B_\alpha = \{b_{\alpha 1}, \ldots, b_{\alpha n_\alpha}\}$ $b_\lambda = b_{\alpha 1} + \cdots + b_{\alpha n_\alpha}$. Man erkennt, daß $\Omega = \{b_\alpha\}$ eine gerichtete Menge ist. Aus der Aussage (3) und Satz 1.4 folgt daher

$$a \cdot \sup B = a \sup \Omega = \sup (a\Omega) = \sup_{\alpha} \{ab_\alpha\}$$
$$= \sup_{\alpha} \{ab_{\alpha 1} + \cdots + ab_{\alpha n_\alpha}\} = \sup aB,$$

was zu beweisen war.

Satz 8. *In jedem vollständigen Verband L folgt die Gleichung* (71) *aus der Gleichung* (73) *und die Gleichung* (71′) *aus* (73′).

Beweis. Aus Dualitätsgründen genügt es, eine der behaupteten Implikationen zu beweisen. Wir nehmen an, die Gleichung (73) sei richtig. Ist dann $A = \{1, 2\}$, $B_1 = \{1\}$, $B_2 = B$, $a_{11} = a$ und $a_{2b} = b$ für alle $b \in B$, so gilt für jede Funktion φ aus der in der Gleichung (73) angegebenen Menge Φ $\varphi(1) = 1$ und $\varphi(2) = b(\varphi)$ mit geeignetem $b(\varphi) \in B$. Daher ist

$$a \sup B = \inf_{i=1,2} \sup_{\beta \in B_i} \{a_{i\beta}\} = \sup_{\varphi \in \Phi} \inf_{i=1,2} \{a_{i\varphi(i)}\}$$
$$= \sup_{\varphi \in \Phi} a_{11} a_{2\varphi(2)} = \sup_{\varphi \in \Phi} ab(\varphi) = \sup (aB),$$

was zu beweisen war.

Ein Beispiel dafür, daß aus (71) im allgemeinen nicht die Gleichung (73) folgt, wird im nächsten Paragraphen angegeben.

Satz 9. *Ein System von Teilmengen einer Menge M, das bezüglich unendlicher Vereinigungs- und Durchschnittsbildung abgeschlossen ist, bildet einen vollständigen Verband, in dem die Gleichungen* (73) *und* (73′) *gelten.*

Beweis. Sei $x \in \bigcap_{\alpha \in A} \bigcup_{\beta \in B_\alpha} X_{\alpha\beta}$. Dann ist $x \in \bigcap_{\beta \in B_\alpha} X_{\alpha\beta}$ für jedes α und daher existiert ein $\varphi(\alpha) \in B_\alpha$, so daß $x \in X_{\alpha\varphi(\alpha)}$ ist. Folglich gilt $x \in \bigcap_{\alpha \in A} X_{\alpha\varphi(\alpha)} \subseteq \bigcup_{\varphi \in \Phi} \bigcap_{\alpha \in A} X_{\alpha\varphi(\alpha)}$. Ist umgekehrt $x \in \bigcup_{\varphi \in \Phi} \bigcap_{\alpha \in A} X_{\alpha\varphi(\alpha)}$, so existiert ein $\varphi \in \Phi$, so daß $x \in \bigcap_{\alpha \in A} X_{\alpha\varphi(\alpha)}$. Zu jedem $\alpha \in A$ existiert also ein Index $\beta \in B_\alpha$ derart, daß $x \in X_{\alpha\beta}$ und folglich $x \in \bigcup_{\beta \in B_\alpha} X_{\alpha\beta}$ für alle $\alpha \in A$ gilt. Das letzte bedeutet, daß $x \in \bigcap_{\alpha \in A} \bigcup_{\beta \in B_\alpha} X_{\alpha\beta}$ ist, womit der Beweis der Gleichung (73) vollendet ist. Sei jetzt $x \in \bigcup_{\alpha \in A} \bigcap_{\beta \in B_\alpha} X_{\alpha\beta}$. Dann gibt es ein $\alpha \in A$, so, daß für alle $\beta \in B_\alpha$ $x \in X_{\alpha\beta}$ ist. Daher gilt für alle $\varphi \in \Phi$ $x \in X_{\alpha\varphi(\alpha)} \subseteq \bigcup_{\alpha \in A} X_{\alpha\varphi(\alpha)}$, d. h. $x \in \bigcap_{\varphi \in \Phi} \bigcup_{\alpha \in A} X_{\alpha\varphi(\alpha)}$.

Durch „Umkehrung der Schlußweisen“ wird der Nachweis der Richtigkeit der Beziehung (73′) vollendet.

Übungen

1. Man beweise die Gleichwertigkeit folgender Aussagen in einem distributiven Verband L:

a) Die Ungleichung $a \leqq b$ gilt dann und nur dann, wenn es ein

$c \in L$ gibt, für das $ac \leqq bc$ und $a + c \leqq b + c$ gilt;

b) $(a + b)(c + ab) = ab + bc + ac$;

c) $a + bc \geqq (a + b)c$;

d) L ist modular und enthält keinen Teilverband von der auf Abb. 11 dargestellten Struktur.

2. In einem distributiven Verband gelten die Beziehungen $ab \leqq x \leqq a + b$ und $x = ax + bx + ab$ gleichzeitig.

3. Ein modularer Verband ist dann und nur dann distributiv, wenn diejenigen Teilverbände, in denen es keine nichttrivialen Kongruenzen gibt, nur ein- oder zweielementige Ketten als homomorphe Bilder haben.

4. Die Ordinalsumme von distributiven Verbänden ist distributiv.

5. Ist A die Menge der Atome eines stetigen distributiven Verbandes und $\bar{a} = \sup(A \setminus a)$, so ist $a\bar{a} = 0$ für alle $a \in A$.

6. Ein distributiver Verband endlicher Länge ist endlich.

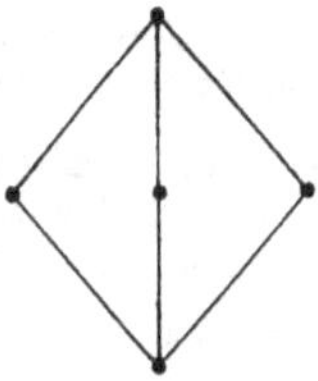

Abb. 11

7. Erfüllt ein distributiver Verband die Maximalbedingung, so besitzt jedes Element eine und nur eine reduzierte Primdarstellung.

8. Besitzt ein distributiver Verband L eine Kompositionsreihe und gilt

$$a_1 \dot{+} a_2 \dot{+} \cdots \dot{+} a_m = 1 = b_1 \dot{+} b_2 \dot{+} \cdots \dot{+} b_n$$

mit unzerlegbaren Elementen a_i $(i = 1, \ldots, m)$ und b_j $(j = 1, \ldots, n)$, so ist $m = n$ und bei geeigneter Numerierung der b_i $a_i = b_i$ $(i = 1, \ldots, m)$.

9. Jeder von einer endlichen Menge erzeugte Teilverband eines distributiven Verbandes ist endlich.

10. Ein vollständiger distributiver Verband, in dem die Gleichung (71) gilt, ist vollständig modular, d. h., für beliebige Elemente x_α und y_α mit $\alpha \in \Omega$ und $x_\alpha \leqq y_\beta$ für $\alpha \neq \beta$ gilt

$$\sup\{x_\alpha\} \cdot \inf\{y_\alpha\} = \sup\{x_\alpha y_\alpha\}$$

(vgl. Übung 5 aus § 6).

11. Sei L ein distributiver Verband, $a, b \in L$, $a \leqq b$ und bezeichne I die Menge $\{x \mid b(a + x) = a\}$. Man beweise, daß I ein Ideal ist. Außerdem zeige man: Ist $[a, b]$ ein einfaches Intervall, so folgt aus $cd \in I$ stets, daß $c \in I$ oder $d \in I$ ist.

12. Jedes maximale Ideal eines distributiven Verbandes ist ein Primideal. Man formuliere und beweise die entsprechende duale Aussage.

13. Das Ideal a^∇ ist in einem distributiven Verband dann und nur dann ein Primideal, wenn a ein Primelement ist.

14. Die Distributivität eines Verbandes L ist zu der Distributivität des Verbandes der Ideale von L äquivalent.

15. Man formuliere die Definition eines freien distributiven Verbandes und beweise dessen Existenz und Einzigkeit.

16. Ein Teilverband eines freien distributiven Verbandes, der von einer Teilmenge des Systems der freien Erzeugenden erzeugt wird, ist wieder ein freier distributiver Verband.

17. Zu jeder Menge $\{L_\alpha \mid \alpha \in \Omega\}$ von distributiven Verbänden L_α existiert ein distributiver Verband L, der von der Vereinigungsmenge $\bigcup_{\alpha \in \Omega} L_\alpha$ erzeugt wird, mit der Eigenschaft, daß es zu einer beliebigen Auswahlmenge $\{\varphi_\alpha \mid \alpha \in \Omega\}$ von Homomorphismen der Verbände L_α in einem distributiven Verband M stets einen Homomorphismus von L in M gibt, der auf jedem L_α mit φ_α übereinstimmt.

8. Boolesche Algebren

Ein distributiver komplementärer Verband wird als *Boolesche Algebra* bezeichnet. Aus dem Satz 6.3 ergibt sich, daß eine BOOLEsche Algebra ein relativ komplementärer Verband ist. Nach dem Satz 7.1 besitzt jedes Element a einer BOOLEschen Algebra genau ein Komplement a'. Diese beiden Eigenschaften rechtfertigen die Einführung einer einstelligen Operation neben den vorhandenen zweistelligen Operationen in einer BOOLEschen Algebra. Wir wollen sie als *Komplementbildung* von a formal mit a' bezeichnen. Die für diese Operation geltenden Rechenregeln beschreibt der

Satz 1. *In einer Booleschen Algebra gelten für die Komplementbildung folgende Gleichungen:*

$$(a + b)' = a'b', \tag{81}$$

$$(ab)' = a' + b', \tag{82}$$

$$a'' = a, \tag{83}$$

$$0' = 1, \tag{84}$$

$$1' = 0. \tag{85}$$

Beweis. Die Gleichungen (83)—(85) gelten offensichtlich. Die Gleichung (81) beweist man durch Nachrechnen der Komplementdefinition für das Element $a'b'$. Unter Verwendung des Satzes 7.1 ergeben sich die Gleichungen

$$(a + b) + a'b' = (a + a')(a + b') + b = a + b' + b = 1$$

und

$$(a + b)\, a'b' = aa'b' + a'bb' = 0.$$

Die Gleichung (82) beweist man durch duale Überlegungen.

Satz 2. *Besitzt jedes Element a eines Verbandes L mit Null und Eins ein eindeutig bestimmtes Komplement a' und gilt außerdem $(a + b)' = a'b'$ und $(ab)' = a' + b'$, so ist L eine Boolesche Algebra.*

Beweis. Zunächst beweisen wir den

Hilfssatz. *Gilt für $x, y \in L$ $x \leqq y$, so ist $x = (x + y')y$ und $y = x + x'y$.*

Aus der Voraussetzung des Satzes 2 erhält man

$$(x + x'y)' + y \geqq (x + x'y)' + (x + x'y) = 1$$

und

$$(x + x'y)'y = x'(x + y')y = (x'y)(x'y)' = 0.$$

Folglich ist $(x + x'y)' = y'$, was auf Grund der Eindeutigkeit der Komplementbildung mit $y = x + x'y$ gleichwertig ist. Aus der Gleichung $x = xy$ folgt $x' = x' + y'$, d. h., es ist $y' \leqq x'$. Nach der zuerst bewiesenen Aussage folgt daraus $x' = y' + yx'$; dann gilt aber auch

$$x = (y' + yx')' = (x + y')y.$$

Wir beweisen nun den Satz 2. Dazu nehmen wir an, es sei

$$a + c = v = b + c$$

und

$$ac = u = bc.$$

Unter Verwendung des Hilfssatzes erhalten wir aus diesen Annahmen die Gleichungen

$$\begin{aligned} a + (v' + cu') &= a + (u + cu') + v' \\ &= (a + c) + v' = 1 = (b + c) + v' \\ &= b + (u + cu') + v' = b + (v' + cu') \end{aligned}$$

und

$$\begin{aligned} a(v' + cu') &= av(v' + cu') = (ac)u' \\ &= 0 = (bc)u' = bv(v' + cu') = b(v' + cu'). \end{aligned}$$

Folglich gilt

$$a = (v' + cu')' = b.$$

Damit haben wir auf Grund der Äquivalenz der Aussagen (1) und (4) des Satzes 7.1 die Distributivität des Verbandes L bewiesen, was zu zeigen war.

Satz 3. *Sei B eine Boolesche Algebra. Wir definieren in B für beliebige $a, b \in B$ eine Addition $\boldsymbol{+}$ durch*

$$a \boldsymbol{+} b \underset{\text{def}}{=} ab' + a'b$$

und eine Multiplikation $\circ$ *durch*

$$a \circ b \underset{\text{def}}{=} ab\,.$$

Dann ist B bezüglich dieser neuen Operationen ein assoziativer kommutativer Ring R_B *mit Einselement, in dem darüber hinaus* $a \mathbin{\boldsymbol{+}} a = 0$ *und* $a \circ a = a$ *für alle* a *gilt.*

Beweis. Die letzte Behauptung folgt ebenso wie die Assoziativität der Multiplikation, die Existenz des Einselementes und die Kommutativität beider Operationen unmittelbar aus den Definitionen und den Verbandseigenschaften. Unter Berücksichtigung der Rechenregeln aus dem Satz 1 gelten ferner die Gleichungen

$$\begin{aligned}(a \mathbin{\boldsymbol{+}} b) \mathbin{\boldsymbol{+}} c &= (ab' + a'b)c' + (ab' + a'b)'c \\ &= ab'c' + a'bc' + (a' + b)\,(a + b')c \\ &= ab'c' + a'bc' + a'b'c + abc \\ &= a(b' + c)\,(b + c') + a'(bc' + b'c) \\ &= a(bc' + b'c)' + a'(bc' + b'c) \\ &= a \mathbin{\boldsymbol{+}} (b \mathbin{\boldsymbol{+}} c)\,,\end{aligned}$$

$$a \mathbin{\boldsymbol{+}} 0 = a0' + a'0 = a1 = a$$

und

$$a \mathbin{\boldsymbol{+}} a = aa' + a'a = 0\,,$$

d. h., R_B ist eine abelsche Gruppe bezüglich der Addition $\boldsymbol{+}$. Schließlich gilt das distributive Gesetz

$$\begin{aligned}(a \mathbin{\boldsymbol{+}} b) \circ c &= ab'c + a'bc = ac(b' + c') + (a' + c')bc \\ &= (ac)\,(bc)' + (ac)'\,(bc) = a \circ c \mathbin{\boldsymbol{+}} b \circ c\,.\end{aligned}$$

Satz 4. *Sei R ein assoziativer kommutativer Ring mit Einselement bezüglich der mit* $\boldsymbol{+}$ *und* $\circ$ *bezeichneten Operationen, in dem außerdem für alle* $a \in R$ *die Gleichung* $a \circ a = a$ *gilt. Definiert man in R zwei neue Operationen durch die Gleichungen*

$$a + b \underset{\text{def}}{=} a \boldsymbol{+} b \boldsymbol{+} a \circ b$$

und

$$ab \underset{\text{def}}{=} a \circ b,$$

so wird R bezüglich dieser Operationen zu einer Booleschen Algebra B_R. Der Ring, den man nach dem Satz 3 aus der Algebra B_R erhält, stimmt mit R überein. Wendet man obige Überlegungen auf den nach Satz 3 erklärten Ring R_B an, so erhält man die ursprüngliche Boolesche Algebra B:

$$R_{(B_R)} \equiv R \quad \text{und} \quad B_{(R_B)} \equiv B.$$

Beweis. Die Kommutativität und die Assoziativität der neuen Operationen $+$ und $\cdot$ sind offensichtlich. Außerdem gilt

$$(a \boldsymbol{+} a) \boldsymbol{+} (a \boldsymbol{+} a) = (a \boldsymbol{+} a) \circ (a \boldsymbol{+} a) = a \boldsymbol{+} a,$$

woraus sich die Eigenschaft

$$a \boldsymbol{+} a = 0$$

der Ringaddition $\boldsymbol{+}$ ergibt. Mit ihr erhält man die Gleichungen

$$(a + b)a = (a \boldsymbol{+} b \boldsymbol{+} a \circ b) \circ a = a \circ a \boldsymbol{+} a \circ b \boldsymbol{+} a \circ b = a$$

und

$$a + ab = a \boldsymbol{+} a \circ b \boldsymbol{+} a \circ (a \circ b) = a;$$

aus diesen und den bereits genannten Eigenschaften folgt nach dem Satz 4.2, daß B_R ein Verband ist.

Man erkennt ferner sofort, daß für alle $a \in B_R$ die Gleichungen $a1 = a$ und $a0 = 0$ gelten, d. h., der Verband B_R besitzt eine Null und eine Eins. Aus den Gleichungen

$$a(1 \boldsymbol{+} a) = a \circ 1 \boldsymbol{+} a \circ a = 0$$

und

$$a + (1 \boldsymbol{+} a) = a \boldsymbol{+} (1 \boldsymbol{+} a) \boldsymbol{+} a \circ (1 \boldsymbol{+} a) = 1$$

folgt weiterhin, daß B_R ein komplementärer Verband ist. Die Distributivität des Verbandes B_R verifiziert man in folgender Weise:

$$\begin{aligned} (a + b)c &= (a \boldsymbol{+} b \boldsymbol{+} ab) \circ c \\ &= ac \boldsymbol{+} bc \boldsymbol{+} ac \circ bc = ac + bc . \end{aligned}$$

Für den Beweis der letzten Behauptung des Satzes braucht man nur die Übereinstimmung der Additionen in den Ringen $R_{(B_R)}$ und R bzw. in den Verbänden $B_{(R_B)}$ und B nachzuweisen. Diese wird durch die Gleichungen

$$\begin{aligned} ab' + a'b = {} & a \circ (1 \boldsymbol{+} b) \boldsymbol{+} (1 \boldsymbol{+} a) \circ b \\ & \boldsymbol{+} a \circ (1 \boldsymbol{+} b) \circ b \circ (1 \boldsymbol{+} a) = a \boldsymbol{+} ab \boldsymbol{+} b \boldsymbol{+} ab \\ & = a \boldsymbol{+} b \end{aligned}$$

bzw.

$$\begin{aligned} & (ab' + a'b)\,(ab)' + (ab' + a'b)'\,ab \\ & \quad = (ab' + a'b)\,(a' + b') + (a' + b)\,(a + b')\,ab \\ & \quad = ab' + a'b + ab = a(b' + b) + (a' + a)b = a + b \end{aligned}$$

bewiesen.[1])

Satz 5 (GLIWENKO-STONE). *Die Vervollständigung einer Booleschen Algebra durch Schnitte ist eine vollständige Boolesche Algebra.*

Beweis. Bezeichne M die gegebene BOOLEsche Algebra und L ihre Vervollständigung durch Schnitte, wie sie im

---

[1]) $x + y$ und xy bezeichnen in der ersten Gleichungskette die aus den gegebenen Ringoperationen $\boldsymbol{+}$ und $\circ$ nach dem Satz 4 abgeleiteten Verbandsoperationen von B_R. In der zweiten bezeichnen sie dagegen die in Satz 3 gegebenen Verbandsoperationen von B. (Anm. d. Red.)

Satz 3.7 beschrieben wurde. Zur Erinnerung sei darauf verwiesen, daß die Elemente von L durch die $\triangle\nabla$-abgeschlossenen Elemente des Verbandes P aller Teilmengen der BOOLEschen Algebra M gebildet werden. Für das Folgende vereinbaren wir jedoch, daß die leere Menge nicht zu L gehören soll. Für $A \in P$ setzen wir

$$A' = \{a' \mid a \in A\}.$$

Hilfssatz 1. $A'^{\nabla\triangle} = (A^{\triangle\nabla})'$.

In der Tat bedeutet $x \in A'^{\nabla\triangle}$, daß für alle $y \in A'^{\nabla}$ die Ungleichung $x \geqq y$ gilt; diese ist wiederum mit der Ungleichung $x' \leqq y'$ für alle $y' \in A^{\triangle}$ äquivalent. Also ist $x \in A'^{\nabla\triangle}$ gleichwertig mit $x' \in A^{\triangle\nabla}$ oder, was dasselbe ist, mit $x \in (A^{\triangle\nabla})'$.

Hilfssatz 2. *Ist* $x \leqq y$ *und* $y \in A^{\triangle\nabla}$, *so ist* $x \in A^{\triangle\nabla}$.

Der Beweis folgt sofort aus der Tatsache, daß für alle $z \in A^{\triangle}$ unter den Voraussetzungen des Hilfssatzes die Ungleichung $x \leqq y \leqq z$ gilt.

Hilfssatz 3. *Ist* $A \in L$, *so ist* $A^{\triangle} \cap A' = 1$.

Aus $x \in A^{\triangle} \cap A'$ folgt $x' \in A$, und daraus ergibt sich $x' = xx' = 0$, folglich ist $x = 1$. Andererseits ist nach dem Hilfssatz 2 $0 \in A$, also ist $1 = 0' \in A^{\triangle} \cap A'$.

Hilfssatz 4. *Ist* $A \in L$, *so ist* $A \cap A'^{\nabla} = 0$.

Zunächst ist nach dem Hilfssatz 2 $0 \in A \cap A'^{\nabla}$. Andererseits folgt aus $x \in A \cap A'^{\nabla}$, daß $x = xx' = 0$ ist.

Hilfssatz 5. *Ist* $A \in L$, *so ist* A'^{∇} *das eindeutig bestimmte Komplement des Elementes A in dem Verband L.*

Auf Grund der Gleichung (iv) des Satzes 1.6 ist $A'^{\nabla} \in L$. Unter Ausnutzung des Satzes 3.5, der Beziehung (v) aus dem Satz 1.6 und der Hilfssätze 1, 3 und 4 erhalten wir

$$\begin{aligned}\sup_L \{A, A'^{\nabla}\} &= (A \cup A'^{\nabla})^{\triangle\nabla} = (A^{\triangle} \cap A'^{\nabla\triangle})^{\nabla}\\ &= \left(A^{\triangle} \cap (A^{\triangle\nabla})'\right)^{\nabla} = (A^{\triangle} \cap A')^{\nabla} = 1^{\nabla} = M\end{aligned}$$

und

$$\inf_L \{A, A'^{\nabla}\} = A \cap A'^{\nabla} = 0.$$

Sei jetzt $A, B \in L$, $\sup_L \{A, B\} = M$ und $\inf_L \{A, B\} = 0$.

Nach dem Satz 3.5 gilt

$$(A \cup B)^{\triangle\triangledown} = M$$

und

$$A \cap B = 0 .$$

Im Hinblick auf die Gleichungen (iii) und (v) des Satzes 1.6 ergibt sich

$$1 = M^{\triangle} = (A \cup B)^{\triangle\triangledown\triangle} = A^{\triangle} \cap B^{\triangle} .$$

Ist $b \in B$, so folgt aus dem Hilfssatz 2 für alle $a \in A$ die Beziehung

$$ab \in A \cap B = 0 .$$

Daher gilt

$$b = (a + a')b = a'b ,$$

d. h., für alle $a \in A$ ist $b \leqq a'$. Also ist $B \subseteq A'^{\triangledown}$. Ist aber $x \in A'^{\triangledown}$, so gilt $x \leqq a'$ für alle $a \in A$. Daraus folgt $x' \in A^{\triangle}$. Für $y \in B^{\triangle}$ gilt

$$x' + y \in A^{\triangle} \cap B^{\triangle} ,$$

woraus

$$x' + y = 1$$

folgt.

Dann ist $x = x(x' + y) = xy$, d. h. $x \leqq y$ für alle $y \in B^{\triangle}$. Folglich ist $x \in B^{\triangle\triangledown} = B$, d. h. $A'^{\triangledown} \subseteq B$. Beide Inklusionen zusammen ergeben die Gleichung $A'^{\triangledown} = B$. Die Eindeutigkeit des Komplements ist bewiesen.

Der Beweis des Satzes 5 folgt aus dem Hilfssatz 5 und aus dem Satz 2 unter Beachtung der Beziehungen

$$\begin{aligned} \sup_L \{A'^{\triangledown}, B'^{\triangledown}\} &= (A'^{\triangledown} \cup B'^{\triangledown})^{\triangle\triangledown} \\ &= (A'^{\triangledown\triangle} \cap B'^{\triangledown\triangle})^{\triangledown} = (A' \cap B')^{\triangledown} \\ &= (A \cap B)'^{\triangledown} = (\inf_L \{A, B\})'^{\triangledown} \end{aligned}$$

und

$$\begin{aligned}\inf_L \{A'^{\triangledown}, B'^{\triangledown}\} &= A'^{\triangledown} \cap B'^{\triangledown} = (A' \cup B')^{\triangledown} \\ &= (A' \cup B')^{\triangledown\vartriangle\triangledown} = (A \cup B)'^{\triangledown\vartriangle\triangledown} \\ &= \big((A \cup B)^{\vartriangle\triangledown}\big)'^{\triangledown} = (\sup_L \{A, B\})'^{\triangledown},\end{aligned}$$

die man mit Hilfe der Sätze 3.5 und 1.6 sowie des Hilfssatzes 1 ableitet.

Es läßt sich zeigen, daß die Existenz des Komplements für die Richtigkeit des Satzes 5 wesentlich ist. Bezeichne $C = \{u, v\}$ eine zweielementige Kette, $A = \{a_1, a_2, \ldots\}$ und $B = \{b_1, b_2, \ldots\}$ zwei Exemplare der Menge der natürlichen Zahlen, A^* und B^* die zu ihnen dualen Ketten, $\tilde{A}$ die Ordinalsumme von A und A^* und $\tilde{B}$ die Ordinalsumme von B und B^* (vgl. Abb. 12). In dem Verband $\tilde{A} \times \tilde{B} \times C$ betrachten wir die Teilmenge

$$M = (\tilde{A}, B^*, v) \cup (A, \tilde{B}, u).$$

Man sieht leicht, daß M ein distributiver Verband ist. Wie im Beweis des Satzes 5 bezeichne L die Vervollständigung von M durch Schnitte, d. h. den Verband aller $\vartriangle\triangledown$-abgeschlossenen Teilmengen der Menge M.

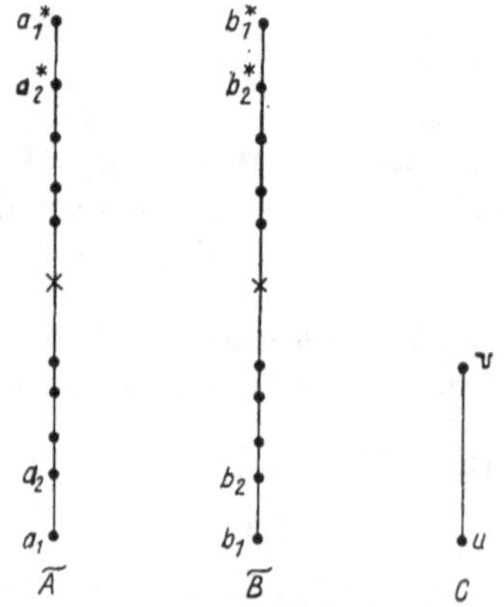

Abb. 12

Bezeichnen ferner D, S, T und U folgende Mengen:

$$D = (A, B, u),$$

$$\begin{aligned} S &= (a_1, b_1^*, v)^{\triangle\triangledown} = (\tilde{A}, b_1^*, v)^{\triangledown} \\ &= (a_1, \tilde{B}, C) \cap M = (a_1, B^*, v) \cup (a_1, \tilde{B}, u), \\ T &= (a_1, b_1^*, u)^{\triangle\triangledown} = [(\tilde{A}, b_1^*, C) \cap M]^{\triangledown} \\ &= [(\tilde{A}, b_1^*, v) \cup (A, b_1^*, u)]^{\triangledown} = (a_1, \tilde{B}, u) \end{aligned}$$

und

$$U = (a_1, B, u),$$

so gehören S und T sicher zu L. Weil ferner

$$\begin{aligned} D^{\triangle\triangledown} &= \big((A^*, B^*, C) \cap M\big)^{\triangledown} \\ &= (A^*, B^*, v)^{\triangledown} = (A, B, C) \cap M = (A, B, u) = D \end{aligned}$$

gilt, ist auch $D \in L$. Außerdem gilt

$$D \cap S = D \cap (a_1, \tilde{B}, C) = U = D \cap T,$$

und mit Hilfe des Satzes 1.6 erhalten wir

$$\begin{aligned} &(D \cup S)^{\triangle\triangledown} \\ &= (D^{\triangle} \cap S^{\triangle})^{\triangledown} = [(A^*, B^*, C) \cup (\tilde{A}, b^*, v) \cap M]^{\triangledown} \\ &= (A^*, b_1^*, v)^{\triangledown} \end{aligned}$$

und

$$\begin{aligned} (D \cup T)^{\triangle\triangledown} &= (D^{\triangle} \cap T^{\triangle})^{\triangledown} = [(A^*, B^*, C) \cap (\tilde{A}, b_1^*, C) \\ &\quad \cap M]^{\triangledown} = [(A^*, b_1^*, C) \cap M]^{\triangledown} \\ &= (A^*, b_1^*, v)^{\triangledown}. \end{aligned}$$

Da T echte Teilmenge von S ist, ergibt sich aus diesen Gleichungen zusammen mit den Sätzen 3.5 und 6.1, daß der Verband L nicht einmal modular ist.[1])

---

[1]) Das betrachtete Beispiel stammt von FUNAYAMA.

Abschließend untersuchen wir die im vorhergehenden Paragraphen angegebenen unendlichen distributiven Gesetze (71)—(73) in vollständigen BOOLEschen Algebren.

Satz 6. *In jeder vollständigen Booleschen Algebra gelten die Gleichungen*

$$a \cdot \sup B = \sup (aB) \text{ und } a + \inf B = \inf (a + B).$$

Beweis. Für alle $b \in B$ gilt sicher $a \cdot \sup B \geqq ab$. Ist außerdem $v \geqq ab$ für alle $b \in B$, so gilt

$$a' + v \geqq a' + ab = (a' + a)(a' + b) = a' + b \geqq b$$

ebenfalls für alle $b \in B$. Daraus folgt $a' + v \geqq \sup B$ und erst recht

$$a \cdot \sup B \leqq a(a' + v) = av \leqq v.$$

Also gilt die Gleichung

$$a \cdot \sup B = \sup (aB).$$

Die zweite Gleichung leitet man durch duale Überlegungen ab.

Aus den Sätzen 5, 6 und 3.7 ergibt sich die

Folgerung. In einer beliebigen BOOLEschen Algebra gelten die in dem Satz 6 angegebenen Gleichungen immer dann, wenn die in ihnen vorkommenden oberen und unteren Grenzen existieren.

Satz 7. *Folgende Eigenschaften einer Booleschen Algebra B sind äquivalent:*

(1) *B ist zu dem Verband aller Teilmengen einer Menge M isomorph;*

(2) *in B gilt die Gleichung* (73);

(3) *in B gilt die Gleichung* (73');

(4) *B ist atomar.*

Beweis. Aus dem Satz 7.9 folgen unmittelbar die Implikationen (1) ⇒ (2) und (1) ⇒ (3).

(2) ⇒ (4). Bezeichne Φ die Menge aller Abbildungen der Algebra B in die zweielementige Menge $\{0, 1\}$. Für beliebige $b \in B$ und $\varphi \in \Phi$ setzen wir $b^0 = b$ und $b^1 = b'$ sowie

$$\theta_\varphi = \inf_{b \in B} \{b^{\varphi(b)}\} \quad \text{und} \quad \Phi' = \{\varphi \mid \varphi \in \Phi, \theta_\varphi \neq 0\}.$$

Ist $0 < x \leqq \theta_\varphi$, so ist $x \leqq x^{\varphi(x)}$. Aus $\varphi(x) = 1$ folgt $x \leqq xx' = 0$ im Widerspruch zur Annahme $0 < x$. Daher ist $\varphi(x) = 0$. Dann gilt aber $x \leqq \theta_\varphi \leqq x^0 = x$, d. h. $x = \theta_\varphi$. Also ist θ_φ für jedes $\varphi \in \Phi'$ ein Atom. Unter Voraussetzung der Gleichung (73) erhält man

$$\begin{aligned} 1 &= \inf_B (b + b') = \inf_B \sup_{\{0,1\}} \{b^i\} \\ &= \sup_{\varphi \in \Phi} \inf_B \{b^{\varphi(b)}\} = \sup_{\varphi \in \Phi} \theta_\varphi = \sup_{\varphi \in \Phi'} \theta_\varphi . \end{aligned}$$

Ist ferner $b \in B$ und $b \neq 0$, so gilt nach dem Satz 6

$$b = b \sup_{\varphi \in \Phi'} \theta_\varphi = \sup_{\varphi \in \Phi'} b\theta_\varphi .$$

Es existiert ein $\varphi \in \Phi'$, so daß $0 < b\theta_\varphi \leqq \theta_\varphi$ gilt. Da θ_φ ein Atom ist, folgt daraus $b\theta_\varphi = \theta_\varphi$. Also ist $\theta_\varphi \leqq b$, was zu zeigen war.

(4) ⇒ (1). Als Menge M wählen wir die Menge aller Atome der Algebra B. Bezeichne P den Verband aller Teilmengen von M.

Für jedes Element $b \in B$ definieren wir

$$\varphi(b) = \begin{cases} \{p \mid p \in M, p \leqq b\}, & \text{für } b \neq 0; \\ \varnothing , & \text{für } b = 0. \end{cases}$$

Dann bildet φ die Algebra B in den Verband P ab. Umgekehrt wird durch die Abbildung ψ mit

$$\psi(X) = \begin{cases} \sup X, & \text{wenn } X \text{ nicht leer ist,} \\ 0, & \text{wenn } X \text{ leer ist,} \end{cases}$$

jedem $X \in P$ ein Element aus B zugeordnet. Nach dem Satz 6.20 gilt $\psi\varphi(b) = b$ für alle $b \in B$. Folglich bildet ψ den Verband P sogar auf B ab. Wir nehmen an, es sei $\psi(X) = \psi(Y)$ und $y \in Y$. Nach dem Satz 6 ist

$$y = y\psi(Y) = y\psi(X) = y \sup X = \sup (yX),$$

woraus für ein $x \in X$ die Ungleichungen

$$0 < xy \leqq x, 0 < xy \leqq y$$

folgen. Weil nun x und y Atome sind, ergibt sich

$$y = xy = x \in X.$$

Damit haben wir die Inklusion $Y \subseteq X$ bewiesen. Entsprechend erhält man die Inklusion $X \subseteq Y$. Das bedeutet, daß ψ eine umkehrbar eindeutige Abbildung ist. Die Isotonie von ψ ist evident.

(3) $\Rightarrow$ (1). Diese Implikation ergibt sich aus Dualitätsgründen aus der bereits bewiesenen Implikation (2) $\Rightarrow$ (1).

Direkt aus dem Satz 7 erhält man die

Folgerung. Eine endliche Boolesche Algebra ist zu dem Verband aller Teilmengen einer endlichen Menge isomorph.

Als letztes zeigen wir, daß die Gleichung (73) nicht in jeder vollständigen Booleschen Algebra gilt. Zu diesem Zweck betrachten wir die Menge P aller offenen Teilmengen des abgeschlossenen Intervalls $[0, 1]$ der reellen Zahlen. Dabei betrachten wir dieses Intervall als topologischen Raum mit der üblichen Topologie. Da die leere Menge und die Vereinigung eines beliebigen Systems offener Mengen ebenfalls offen sind, so folgt aus dem zum Satz 3.1 dualen Satz, daß P ein vollständiger Verband ist. Für jedes $a \in P$ bezeichne Ca die Menge $[0, 1] \setminus a$ und $\bar{a}$ die abgeschlossene Hülle der Menge a. Außerdem setzen wir $a' = C\bar{a}$ und $\varphi(a) = a''$. Man erkennt sofort, daß a' zu P gehört.

Hilfssatz 1. $(a \cup b)' = a' \cap b'$.

Nach bekannten topologischen Eigenschaften der abgeschlossenen Hülle (vgl. z. B. P. S. Alexandrow „Einführung in die Mengenlehre und die Theorie der reellen Funktionen“ S. 151 Satz 6ff.) ergibt sich

$$(a \cup b)' = C\,(\overline{\overline{a \cup b}}) = C(\bar{a} \cap \bar{b}) = C\bar{a} \cup C\bar{b} = a' \cap b' .$$

Hilfssatz 2. *Ist* $a \subseteq b$, *so ist* $a' \supseteq b'$.

Die Inklusion $a \subseteq b$ ist äquivalent mit $a \cup b = b$. Daraus folgt nach dem Hilfssatz 1

$$b' = (a \cup b)' = a' \cap b' ,$$

was wiederum zu $a' \supseteq b'$ äquivalent ist.

Hilfssatz 3. $a' \subseteq a'''$.

Aus der sicher richtigen Inklusion $C\bar{a} \subseteq \overline{C\bar{a}}$ folgt $C\overline{C\bar{a}} \subseteq CC\bar{a} = \bar{a}$. Daraus erhält man

$$a'' = C\overline{a'} = C\overline{C\bar{a}} \subseteq \bar{a}$$

also gilt $\overline{a''} \subseteq \bar{a}$. Daher ist auch

$$a' = C\bar{a} \subseteq C\overline{a''} = a''' .$$

Hilfssatz 4. $a \subseteq a''$.

Da die Menge a offen ist, ergibt sich

$$Ca = \overline{Ca} \supseteq \overline{C\bar{a}} ,$$

und daraus folgt

$$a = CCa \subseteq C\overline{C\bar{a}} = \overline{Ca'} = a'' .$$

Hilfssatz 5. *φ ist ein Hüllenoperator auf dem Verband P.*

Nach dem Hilfssatz 4 gilt $a \subseteq \varphi(a)$. Aus dem Hilfssatz 2 folgt die Implikation $a \subseteq b \Rightarrow \varphi(a) \subseteq \varphi(b)$. Die

Hilfssätze 4, 3 und 2 zusammen ergeben in dieser Reihenfolge die Beziehungen

$$\varphi(a) = a'' \subseteq (a'')'' = \varphi(\varphi(a)) = (a''')' \subseteq a'' = \varphi(a).$$

Aus dem Satz 3.5 und Hilfssatz 5 folgt, daß die Menge B aller φ-abgeschlossenen Elemente des Verbandes P einen vollständigen Verband bildet. Die Hilfssätze 3 und 4 zeigen, daß $a' = a'' \in B$ gilt. Nach dem Hilfssatz 1 und dem Satz 3.5 folgen für alle $a \in B$ aus den Gleichungen

$$\overline{a \cup a'} = \overline{a \cup C\bar{a}} = \bar{a} \cup \overline{C\bar{a}} = [0, 1]$$

die Beziehungen

$$a + a' = (a \cup a')'' = (C\overline{a \cup a'})' = (\varnothing)' = C\,\varnothing = [0, 1]$$

und

$$a \cdot a' = a \cap a' \subseteq a'' \cap a' = (a' \cup a)' = C\overline{a' \cup a} = \varnothing .$$

Gilt für ein Element c aus B $a + c = [0, 1]$ und $ac = \varnothing$, so folgt zunächst aus der zweiten Gleichung $a \cap c = \varnothing$, und daher ist $a \subseteq Cc$, woraus $\bar{a} \subseteq Cc$ folgt, da die Menge c offen ist. Infolgedessen gilt $c = CCc \subseteq C\bar{a} = a'$. Die erste Gleichung formt man nach dem Hilfssatz 1 wie folgt um

$$(a' \cap c')' = (a \cup c)'' = [0, 1].$$

Wegen $a' \cap c' \in B$ gilt

$$a' \cap c' = (a' \cap c')'' = [0, 1]' = \varnothing .$$

Das führt zu

$$C\bar{a} = a' \subseteq Cc' = CC\bar{c}.$$

Dann gilt aber auch

$$\bar{a} \supseteq C\bar{c} = \overline{c'},$$

woraus

$$\bar{a} \supseteq \overline{c'}$$

und schließlich

$$a' = C\bar{a} \subseteq C\overline{c'} = c'' = c$$

folgt. Wir haben bewiesen, daß jedes Element des Verbandes B ein eindeutig bestimmtes Komplement — das Element a' — besitzt.

Da sich unter Verwendung des Satzes 3.5 und des Hilfssatzes 1 die Gleichungen

$$(a + b)' = (a \cup b)''' = (a' \cap b')'' = a' \cap b' = a'b'$$

und

$$(ab)' = (a'' \cap b'')' = (a' \cap b')'' = a' + b'$$

ableiten lassen, ist der Verband B sogar eine BOOLEsche Algebra. Ein vom Nullelement verschiedenes Element aus B enthält stets ein offenes Intervall. Jedes derartige Intervall ist aber eine φ-abgeschlossene Menge. Folglich enthält B keine Atome. Nach dem Satz 7 folgt daraus, daß die Beziehung (73) in B nicht gilt.

Übungen

1. Für beliebige Elemente a und b einer BOOLEschen Algebra sind folgende Aussagen äquivalent: a) $a \leqq b$; b) $ab' = 0$; c) $a' + b = 1$.

2. Die Menge aller derjenigen Elemente eines distributiven Verbandes, die ein Komplement besitzen, bildet einen Teilverband, der eine BOOLEsche Algebra ist.

3. Die Menge aller derjenigen Elemente eines modularen Verbandes, die ein eindeutig bestimmtes Komplement besitzen, bildet einen Teilverband, der eine BOOLEsche Algebra ist.

4. Jeder distributive Verband ist Teilverband einer BOOLEschen Algebra.

5. Ein beliebiger Homomorphismus φ einer BOOLEschen Algebra B auf eine BOOLEsche Algebra B' ist ein BOOLEscher Homomorphismus (d. h., es gilt $\varphi(b') = (\varphi(b))'$ für alle $b \in B$).

6. Man verallgemeinere die Sätze 3 und 4 für distributive, relativ komplementäre Verbände mit Null.

7. Jede Kongruenz in einer Booleschen Algebra B ist eine Kongruenz des zugehörigen Ringes R_B und umgekehrt (vgl. den Satz 3).

8. Man beweise, daß zwischen den Idealen einer Booleschen Algebra B und den Idealen des zugehörigen Ringes R_B eine eineindeutige Zuordnung besteht.

9. In einer Booleschen Algebra B sind dann und nur dann alle Ideale Hauptideale, wenn B endlich ist.

10. Jedes Ideal I einer Booleschen Algebra läßt sich als Durchschnitt aller der Primideale darstellen, die I enthalten.

11. Ein distributiver Verband ist dann und nur dann eine Boolesche Algebra, wenn in ihm jedes Primideal maximal ist.

12. Ein Ideal I einer Booleschen Algebra ist dann und nur dann maximal, wenn $a \in I$ und $a' \notin I$ äquivalente Behauptungen sind.

13. Eine Boolesche Algebra, die eine Kompositionsreihe besitzt, ist endlich.

14. Ist L ein komplementärer Verband, in dem aus $ab = 0$ stets $b \leqq c$ für ein Komplement c von a folgt, so ist L eine Boolesche Algebra.

15. Besitzt jedes Element eines vollständigen atomaren Verbandes L ein eindeutig bestimmtes Komplement, dann ist L eine Boolesche Algebra.

16. Man formuliere die Definition einer freien Booleschen Algebra und beweise ihre Existenz und ihre Einzigkeit.

17. Unter allen Booleschen Teilalgebren einer freien Booleschen Algebra, die eine bestimmte Teilmenge des Systems der freien Erzeugenden enthalten, bildet die kleinste eine freie Boolesche Algebra.

18. Zu einer beliebigen Menge $\{B_\alpha \mid \alpha \in \Omega\}$ von Booleschen Algebren B_α existiert eine Boolesche Algebra B, die (als Boolesche Algebra) von der Vereinigung $\bigcup_{\alpha \in \Omega} B_\alpha$ erzeugt wird, mit der Eigenschaft, daß es zu einer beliebigen Auswahl $\{\varphi_\alpha \mid \alpha \in \Omega\}$ von Booleschen Homomorphismen φ_α der Algebra B_α in eine Menge M einen Booleschen Homomorphismus von B in M gibt, der auf jedem B_α mit φ_α übereinstimmt.

Literatur

[1] Birkhoff, G., Lattice Theorie, New York 1948.
[2] Vladimirov, D. A., Boolesche Algebren, Berlin 1972. Übers. aus dem Russischen.
[3] Глухов, М. М., Стеллецкий, И. В., и Фофанова Т. С., Стртктуры, „Итоги науки. Алгебра. Геометрия. Топология 1968“, Москва 1970, 101—155.
[4] Sikorski, R., Boolean Algebras, 2nd ed., Berlin—Göttingen—Heidelberg—New York 1964.
[5] Скорняков, Л. А., Дедекиндовы структуры с дополнениями и регулярные кольца, Физматгиз, 1961.
[6] Скорняков, Л. А., Теория структур, „Итогу науки. Алгебра. 1964“ Москва 1966, 237—278.
[7] Carvaillo, M., Monographie des treillis et algèbre de Boole, Paris 1966.
[8] Donnellan, Th., Lattice theory, Oxford—London 1968.
[9] Dubreil-Jacotin, M., Lesieur, L., et Croisot, R., Leçons sur la théorie des treillis, des structures algébriques ordonnées et des treillis géométriques, Paris 1953.
[10] Gericke, H., Theorie der Verbände, Mannheim 1967.
[11] Goodstein, R., Boolean algebra, Oxford—New York 1963.
[12] Halmos, P., Lectures on Boolean algebra, Princeton—New Jersey 1963.
[13] Hermes, H., Einführung in die Verbandstheorie, Berlin—Heidelberg—New York 1967.
[14] Maeda, F., Kontinuierliche Geometrien, Berlin—Göttingen—Heidelberg 1958.
[15] Morgado, J., Introdução a teoria des reculados, Inst. fis. e mat. Univ. Recife, 1962.
[16] Nachbin, L., Topology and order, Princeton—New Jersey 1965.
[17] von Neumann, J., Continuous geometry, Princeton—New Jersey 1960.
[18] Rutherford, D., Introduction to lattice theory, Edinburg—London 1965.
[19] Szasz, G., Einführung in die Verbandstheorie, Leipzig 1962.

Sachverzeichnis

Der Autor

- macht in dem vorliegenden Taschenbuch mit den Grundlagen der Verbandstheorie bekannt
- geht besonders auf solche Ergebnisse ein, die auch in anderen Gebieten der Mathematik Anwendung finden
- setzt keine speziellen Vorkenntnisse voraus, lediglich die Grundzüge der elementaren Mengenlehre sollten dem Leser bekannt sein
- wendet sich an Mathematiker und interessierte Wissenschaftler

WISSENSCHAFTLICHE TASCHENBÜCHER

MIX
Papier | Fördert gute Waldnutzung
FSC® C083411

Zeitfracht Medien GmbH
Ferdinand-Jühlke-Straße 7
99095 Erfurt, Deutschland
produktsicherheit@kolibri360.de